国家出版基金项目
NATIONAL PUBLICATION FOUNDATION

"十三五"国家重点图书出版规划项目
中国河口海湾水生生物资源与环境出版工程
庄平 主编

闽江口生态环境
与渔业资源

康 斌 等 著

中国农业出版社
北 京

图书在版编目（CIP）数据

闽江口生态环境与渔业资源/康斌等著.—北京：
中国农业出版社，2018.12
中国河口海湾水生生物资源与环境出版工程/庄平
主编
ISBN 978-7-109-24736-9

Ⅰ.①闽… Ⅱ.①康… Ⅲ.①闽江—河口—生态环境
—关系—水产资源—研究 Ⅳ.①X171.1②S937.3

中国版本图书馆 CIP 数据核字（2018）第 238948 号

中国农业出版社出版
（北京市朝阳区麦子店街 18 号楼）
（邮政编码 100125）
策划编辑 郑 珂 黄向阳
责任编辑 林珠英 黄向阳

北京通州皇家印刷厂印刷 新华书店北京发行所发行
2018 年 12 月第 1 版 2018 年 12 月北京第 1 次印刷

开本：787mm×1092mm 1/16 印张：13
字数：250 千字
定价：98.00 元

内容简介

　　本书基于作者 2015—2016 年在闽江口进行渔业资源调查的基础数据，依据调查结果对闽江口渔业资源的多样性、资源现状、群落组成、营养结构、主要经济物种生物学特性展开深入分析；并对比历史数据，探讨各层面的变化情况及原因。书中记述了闽江口不同季节的生物区系组成，渔业资源量的空间分布及其与环境的关系，并确定了优势种种类；进一步分析了 5 种重要经济鱼类的营养特征，以及 20 种重要渔业经济种类的生物学特性及其空间和时间变化趋势。本书数据翔实、通俗易懂，可为闽江口渔业资源管理、保护及可持续性利用提供重要参考，可供渔业资源、海洋生物学、海洋生态学和水产科学等研究领域的科研人员及高等院校有关专业师生使用。

丛书编委会

科学顾问　唐启升　中国水产科学研究院黄海水产研究所　中国工程院院士

曹文宣　中国科学院水生生物研究所　中国科学院院士

陈吉余　华东师范大学　中国工程院院士

管华诗　中国海洋大学　中国工程院院士

潘德炉　自然资源部第二海洋研究所　中国工程院院士

麦康森　中国海洋大学　中国工程院院士

桂建芳　中国科学院水生生物研究所　中国科学院院士

张　偲　中国科学院南海海洋研究所　中国工程院院士

主　　编　庄　平

副主编　李纯厚　赵立山　陈立侨　王　俊　乔秀亭

郭玉清　李桂峰

编　　委（按姓氏笔画排序）

王云龙　方　辉　冯广朋　任一平　刘鉴毅

李　军　李　磊　沈盎绿　张　涛　张士华

张继红　陈丕茂　周　进　赵　峰　赵　斌

姜作发　晁　敏　黄良敏　康　斌　章龙珍

章守宇　董　婧　赖子尼　霍堂斌

本书编写人员

康　斌　李　军　招春旭
何雄波　王家樵　张雅芝

丛书序

中国大陆海岸线长度居世界前列，约 18 000 km，其间分布着众多具全球代表性的河口和海湾。河口和海湾蕴藏丰富的资源，地理位置优越，自然环境独特，是联系陆地和海洋的纽带，是地球生态系统的重要组成部分，在维系全球生态平衡和调节气候变化中有不可替代的作用。河口海湾也是人们认识海洋、利用海洋、保护海洋和管理海洋的前沿，是当今关注和研究的热点。

以河口海湾为核心构成的海岸带是我国重要的生态屏障，广袤的滩涂湿地生态系统既承担了"地球之肾"的角色，分解和转化了由陆地转移来的巨量污染物质，也起到了"缓冲器"的作用，抵御和消减了台风等自然灾害对内陆的影响。河口海湾还是我们建设海洋强国的前哨和起点，古代海上丝绸之路的重要节点均位于河口海湾，这里同样也是当今建设"21世纪海上丝绸之路"的战略要地。加强对河口海湾区域的研究是落实党中央提出的生态文明建设、海洋强国战略和实现中华民族伟大复兴的重要行动。

最近20多年是我国社会经济空前高速发展的时期，河口海湾的生物资源和生态环境发生了巨大的变化，亟待深入研究河口海湾生物资源与生态环境的现状，摸清家底，制定可持续发展对策。庄平研究员任主编的"中国河口海湾水生生物资源与环境出版工程"经过多年酝酿和专家论证，被遴选列入国家新闻出版广电总局"十三五"国家重点图书出版规划，并且获得国家出版基金资助，是我国河口海湾生物资源和生态环境研究进展的最新展示。

　　该出版工程组织了全国 20 余家大专院校和科研机构的一批长期从事河口海湾生物资源和生态环境研究的专家学者，编撰专著 28 部，系统总结了我国最近 20 多年来在河口海湾生物资源和生态环境领域的最新研究成果。北起辽河口，南至珠江口，选取了代表性强、生态价值高、对社会经济发展意义重大的 10 余个典型河口和海湾，论述了这些水域水生生物资源和生态环境的现状和面临的问题，总结了资源养护和环境修复的技术进展，提出了今后的发展方向。这些著作填补了河口海湾研究基础数据资料的一些空白，丰富了科学知识，促进了文化传承，将为科技工作者提供参考资料，为政府部门提供决策依据，为广大读者提供科普知识，具有学术和实用双重价值。

中国工程院院士　唐启升

2018 年 12 月

前　言

　　当前，世界进入了海洋资源现代化开发时代，海洋渔业经济已成为国民经济增长的重要部分。闽江口及邻近海域海洋生物资源丰富，有许多重要经济种类在历史上曾有很高产量，在福建省的海洋捕捞业乃至整个海洋经济中发挥着重要作用。近年来，受过度捕捞、海洋污染等因素影响，生物多样性受到破坏，渔业资源不断衰退。近几十年来，福建沿海已开展了较多的海洋生物生态调查工作，研究结果为沿海渔业资源的评估和保护工作提供了详尽的历史资料，但是难以准确地反映该海域当前渔业资源状况，缺乏对群落结构变化的系统认识。因此，深入了解现阶段闽江口渔业资源动态、群落组成和营养结构的研究，对制订合理的海洋生态修复措施、渔业管理制度和实现渔业资源的可持续利用，具有重要的理论价值和现实意义。

　　本书是2015—2016年对闽江口开展渔业资源调查的主要成果之一。结合过往研究结果，作者对比分析了闽江口渔业资源结构变化，具体分五章进行阐述。第一章概述了闽江口的自然环境（完成人：康斌、张雅芝）；第二章概述了闽江口的生物资源（完成人：康斌、王家樵、张雅芝）；第三章从物种组成和多样性角度，重点分析了闽江口渔业群落结构及变化（完成人：康斌、李军、招春旭）；第四章从营养角度，重点分析了闽江口渔业群落结构及主要物种的营养学特征（完成人：康斌、何雄波）；第五章对优势经济种的生物学特性及其变化进行了论述（完成人：康斌、招春旭）。

　　本书撰写过程中，得到专家和同行的鼎力帮助。感谢厦门大学刘敏教授在样品采集和标本鉴定等方面的大力支持，感谢中国科学院水生生物研究所徐军研究员在样品测试分析上的鼎力相助；感谢石焱、沈忱、郭俊宏、冯晨同学在样品处理中的辛勤工作。本书得到国家自然科学基金"闽江口鱼类群落空间格局及功能实现过程（41476149）"的资助。

本书错漏和不足之处在所难免，恳请读者批评指正。

著 者

2018 年 10 月

目　录

第一章
闽江口自然环境

第一节　地理位置

闽江，发源于福建、江西交界的建宁县均口镇。建溪、富屯溪、沙溪三大主要支流在福建省南平市附近汇合后称闽江。闽江流至竹岐进入福州盆地，在淮安受南台岛阻隔分为南北两支，后又在马尾汇合折向东北，穿过闽安峡谷至亭江附近受琅岐岛阻隔，再分南北两汊。南汊至梅花注入东海称为梅花水道，北汊出长门水道后又被粗芦岛、川石岛、壶江岛隔成乌猪、熨斗、川石和壶江等四个水道流入东海，是福建省最大独流入海（东海）河流。闽江全长 2 872 km，以沙溪为正源，干流全长 562 km，流经福建省北半部 36 个县、市和浙江省南部 2 个县、市，流域面积 60 992 km²，约占福建全省面积的一半（朱道清，2007）。

闽江河口区位于福建省东部，西起潮区界竹岐水文站，东至河口外 15 m 等深线处，北起连江黄岐半岛，南至长乐江田附近。闽江河口属山溪性强潮三角洲河口，潮滩众多，地形十分复杂。根据潮流和径流相互作用以及河槽演变特征，闽江河口区可分为近口段（侯官至马江），以径流作用为主；河口段（马江至内沙浅滩），径流和潮流作用均很强烈；口外海滨（内沙浅滩以东），以潮流作用为主。闽江河口三角洲分陆上部分和水下部分：陆上部分包括福州平原、琅岐岛西部平原和长乐平原的部分等；水下部分包括内拦门沙和外拦门沙，呈扇形向东南展布（中国海湾志编纂委员会，1998）（图 1-1）。

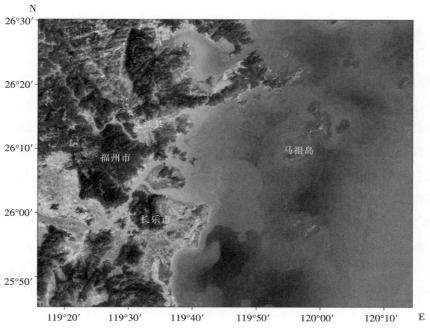

图 1-1　闽江口位置示意图

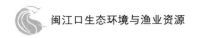

第二节 地质与地貌

福建省位于亚欧板块的东南缘，地处太平洋板块向亚欧大陆板块俯冲、碰撞带的内侧，属华南加里东褶皱系武夷-戴云隆折带的一部分。燕山运动使得西部武夷山脉和戴云山脉褶皱隆起，东部台湾海峡发生沉降，从而奠定了福建地貌发育的基本骨架。

闽江口位于福建省东部火山-侵入岩带东缘、长乐-南澳断裂带北端，是闽东沿海中生代火山断折带北段的一部分，地质作用过程复杂。中生代以来，受太平洋板块对欧亚大陆板块俯冲挤压的影响，本区构造变动强烈，形成一系列北向深大断裂带。晚侏罗世，沿断裂带发生大规模的火山喷发和岩浆侵入活动，形成广泛分布的中酸性火山岩和花岗岩类岩石；新生代特别是晚第三纪以来，本区断裂活动强烈，形成断陷盆地、海湾、断陷岩岛地貌和低山丘陵地貌。上升的岩块成为盆地内的丘陵或闽江口的岩岛，下降的岩块或被第四纪沉积物所覆盖，或成为闽江口的多汊河道。第四纪最后一个冰期结束，全球气候转暖，海面上升。距今 4 000～5 000 年，福建沿海地区海侵达到最高峰，福州盆地沦为海湾——福州湾，并承接海相沉积；距今 2 000～4 000 年，福建沿海普遍发生海退，其海平面比现今略低，泥炭、河湖相、陆相沉积逐渐取代海相，岸线不断向外延伸，经过多年沉积，遂形成了近代闽江河口的雏形（陈峰 等，1998）。

一、海岸线

河口作为海陆交互作用的集中地带，受地质、物理、化学和生物等多种过程耦合作用，形成复杂的生态环境。闽江口地区海岸线漫长曲折，大陆海岸线长约 800 km（自罗源鉴江至福清江兜，不包括平潭岛），岛屿岸线长约 300 km。海岸地貌形态复杂多样，漫长曲折的海岸线构成了众多大小港湾，其中较大的有罗源湾、定海湾、马尾港、漳港湾、福清湾和兴化湾，而沿海岛屿更是星罗棋布，数以万计。从成因、形态、物质组成和动态的综合特征，将区内海岸类型划分为自然岸线、生物岸线以及人工岸线（国家海洋局 908 专项办公室，2005）。

自然岸线包括基岩岸线、沙质岸线和泥质岸线。基岩岸线由花岗岩和火山熔岩组成，岩石坚硬，节理裂隙较发育，通常岸陡水深，大部分岩滩狭窄，基岩岬角之间常有狭小岩滩、砾石滩和沙滩；沙质岸线由中细沙组成，滩面平缓，波痕及生物洞穴发育，对应沙滩和过渡型沙砾质岸滩；泥质岸线对应泥滩或泥沙质滩，环境良好，营养丰富，一般可成为重要的滩涂养殖区域。生物岸线主要以红树林为主，主要物种包括草本、藤本和木本植物，具有防风消浪、促淤保滩、固岸护堤、净化海水和空气的功能。红树林多呈零星分布，出水面积较小，涨潮时常被掩盖。人工岸线指为了生产、交通、护岸的需要，人工建成的不同规模、不同质量的各种海岸工程，有单坡式和双坡式之分，结构上有垒石和砌石之分等。

河口地区通常经济发达、人口较多，大量的围海、填海活动对海岸造成的压力不断增加。闽江口北岸段浅海滩涂适宜多种藻类、虾类、贝类和鱼类的养殖，围垦养殖在逐年增加；南岸段城镇发展较快，频繁围海造地及港口开发建设导致海岸线变化较大。1913—1950年，粗芦岛西岸向乌猪水道推进了约 1 000 m，导致水道变窄，弯曲程度减小。梅花水道江心洲扩大，梅花水道南岸淤涨。1950—1975 年间，琅岐岛东侧岸线向海推进了约 700 m，梅花水道南岸侵蚀后退约 400 m，梅花镇东侧岸线向海推进约 900 m，呈淤积状态。1975—1986 年岸线变化主要集中在琅岐岛南面的雁行洲和三分洲上，琅岐岛和雁行洲、三分洲在人工建堤后连接在一起，整个梅花水道西部的过水断面明显减小。1986 年以后岸线变化不大，主要集中在琅岐岛的东侧岸线，因围垦养殖向海推进约 900 m。由此可见，闽江口海岸变化区域主要位于南岸，北部海岸基本保持稳定：1970 年闽江口岸线共计 140.68 km，其中，自然岸线 127.05 km（基岩岸线 27.84 km、泥质岸线 91.85 km、沙质岸线 7.36 km），人工岸线 13.63 km；到 2010 年闽江口岸线共计 124.41 km，其中，自然岸线 100.46 km（基岩岸线 27.66 km、泥质岸线 66.42 km、沙质岸线 6.38 km），人工岸线 23.95 km。在面积上，闽江口的琅岐、粗芦和壶江三岛均呈现增大的趋势：其中，琅岐岛面积 30 年间增大了 1.85 km²，粗芦岛面积增大了 0.08 km²，壶江岛面积增加了 0.1 km²（冯辉 等，1989；徐晓晖 等，2009；陆求裕，2015；郑旭霞，2015）。

二、浅滩地貌

河口浅滩面积与位置变化反映了河口滩槽的迁移和河口地貌的演化。从 1913—2005 年近百年的时间里，闽江口浅滩面积总体呈增加趋势（徐晓晖 等，2009）：1913 年 0 m 以浅的面积为 65 km²；1950 年 0 m 以浅的面积为 85 km²，面积变化速率为 0.54 km²/a；1975 年 0 m 以浅的面积为 86 km²，比 1950 年增加了 1 km²，面积变化速率为 0.04 km²/a；1986 年 0 m 以浅的面积为 107 km²，比 1975 年增加了 21 km²，面积变化速率为 1.91 km²/a；1999 年 0 m 以浅的面积为 86 km²，退回到 1975 年水平；2005 年 0 m 以浅的面积为 92 km²，比 1999 年增加了 6 km²，面积变化速率为 1.0 km²/a。1913—2005 年，梅花水道浅滩逐渐发育，水下河道变小变浅。闽江北支则由单一的川石水道变成由川石水道和壶江水道并存的形态，其口门外浅滩逐渐冲刷，水下河道流势日益顺畅，成为闽江入海泥沙的主要来源。

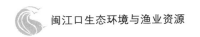

三、海底地貌

闽江口海底发育地貌可分为前三角洲、三角洲前缘斜坡、水下三角洲平原和水下岸坡等，次一级地貌类型分为现代水下汊道、河口沙坝、沙嘴、河口边滩、侵蚀沟槽、水下浅滩、潮流沙脊群等（陈坚 等，2010）。此外，闽江口外发育一定规模的活动的水下梳状潮流沙脊群。闽江河口区水深较浅，三角洲前缘斜坡与水下三角洲平原一般以 0～2 m 等深线为界，部分更深，水下三角洲平原地形坡度明显小于三角洲前缘斜坡，地形起伏；水深 10 m 以浅区域地形较为平缓，局部区域略有差异；水深 10～15 m 海底则为一个明显的三角舌状斜坡地形。前三角洲与三角洲前缘斜坡大致以 15～25 m 水深为界，自南向北变深。前三角洲海底地形坡度小，一般不超过 0.7/1 000，略向东倾斜；三角洲前缘斜坡坡度一般大于 1.5/1 000，最大可超过 3/1 000（陈峰 等，1999a，1999b）。

20 世纪上半叶，闽江口表现为较强的淤积过程，此后淤积速率逐渐减小。1975 年以后水库建设和下游河道采沙等活动加强，入海泥沙呈减少的趋势，泥沙供应的变少进一步造成了河口海底的侵蚀。20 世纪 80 年代后期到 20 世纪末闽江口则以侵蚀为主，河口浅滩主要发育在河口区的南部，水下河道主要发育在河口区的北部。三角洲前缘斜坡在河口区南部以侵蚀为主，河口区北部以淤积为主。闽江口南、北支河道具有不同的泥沙输送特征，基本可概括为"北出南积"的模式：北支河道向海输送大部分径流和泥沙，泥沙沉积在河口及三角洲前缘地区；河口区泥沙再悬浮，通过涨潮流向南支河道输送，与南支河道带出的泥沙一道促使了南支口外浅滩的发育。闽江口水下三角洲由于闽江带来巨大的泥沙在河口区沉积，使得在口门附近形成广阔的拦门沙坝，形成河口沙坝和水流通道相间的地貌形态；在马祖列岛、白犬列岛周边海域，岛礁发育，水深大多在 20 m 以浅，等深线围绕着岛礁形成了多个闭合圈，海底地形由各岛屿向周边海域倾斜；在各岛屿地形的束狭作用下，潮流对海底冲刷剧烈，形成了多个海底侵蚀沟槽，最大水深可达 58 m，地形起伏变化较大（李东义 等，2008；徐晓晖 等，2009；陈坚 等，2010）。

第三节 气 候

闽江口自晚更新世以来经历了五个阶段的变化：冷干-温暖略干-温暖湿润-炎热潮湿-温暖略干（杨蕉文 等，1991）。闽江口目前属于温暖湿润、四季分明的亚热带海洋性季风气候。冬季为 12 月至翌年 2 月，春季为 3—5 月，夏季为 6—8 月，秋季为 9—11 月，年平均气温 18.7～21.2 ℃，一般 7 月最高，1 月最低。雨量充沛，年平均降水量为 1 362～1 534 mm，多在 3—9 月，4—6 月为梅雨季节（李丽纯 等，2009）。

一、气温

闽江口年日照时数 1 400～2 000 h，平均 1 635 h，最高日照时数为 1971 年的 2 076 h，最低日照时数为 2000 年的 1 380 h。近年来年日照时数总体有下降的趋势，但并不显著。

闽江口年平均气温 18.8～20.9 ℃，累年年均气温为 19.7 ℃，最高值为 1998 年的 20.9 ℃，最低值为 1984 年的 18.8 ℃。近年来，年平均气温呈显著上升趋势，变化速率为 0.04 ℃/年，远高于全球近 50 年来 0.013 ℃/年及近 20 年来 0.02 ℃/年的变化速率。从季节上看，春季累年季平均气温为 17.9 ℃，最低值为 1996 年的 16.6 ℃，最高值为 2002 年的 20.3 ℃。春季平均气温由 20 世纪 90 年代以前的 17.5 ℃增加到 90 年代后的 18.4 ℃，上升了 0.9 ℃，年变化速率为 0.047 ℃，尤以 90 年代以后气温变化波动较大。夏季气温稳定，变化幅度较小，年变化速率为 0.029 ℃，最低温为 1982 年的 26.6 ℃，最高温为 2003 年的 29.0 ℃。秋季累年季平均气温为 21.6 ℃，年变化速率为 0.031 ℃，最低温出现在 1976 年，为 19.9 ℃，最高温出现在 2003 年，为 22.9 ℃。冬季累年季平均气温为 11.6 ℃，最低气温为 1984 年的 9.2 ℃，最高温为 2001 年的 13.5 ℃，年变化速率为 0.05 ℃。冬季平均气温 90 年代以前为 11.2 ℃，90 年代以后则迅速增加到12.1 ℃，上升了 0.9 ℃（李丽纯 等，2009；杨凯 等，2011）（图 1 - 2）。

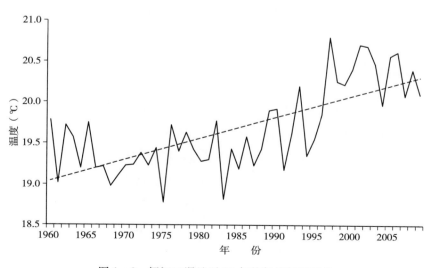

图 1 - 2 闽江口湿地近 50 年的年均气温变化

二、降水量

闽江口年平均降水量为 1 421.0 mm，最小年降水量为 1967 年的 832.2 mm，最大年降水量为 1990 年的 2 028.2 mm。1976—1989 年降水波动幅度较小，年降水量1 157～1 604 mm；1990 年以后年降水波动幅度较大（图 1-3）。从季节上看，闽江口季降水量年际波动较大，春季降水量整体呈减少趋势，夏、秋、冬降水则有轻微的上升趋势。夏季降水量年际变化较大，最大值为 2000 年的 1 008.9 mm，最小值为 1987 年的 138.4 mm（聂明华和严平勇，2008）。7—9 月是闽江口台风季节，降水量的多少因台风登陆和影响次数、范围大小、雨势强弱而异。有台风登陆时，雨区广、雨势猛、时间短、量不稳；无台风登陆或影响时则出现晴旱天气，降水稀少。

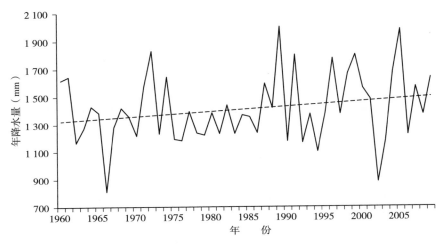

图 1-3　闽江口湿地近 50 年的年降水量变化

三、气候指数

影响气候的两个主要因素是热量和水分。在地球表面，热量随所在的纬度位置而变化，水分随距海洋远近以及大气环流和洋流特点而变化。热量指数（regional thermal index）指的是在水分供应充足条件下的可能蒸散量，反映了区域的热量状况（周广胜和张新时，1996）。闽江口近 50 年来热量指数多年平均值为 948.2～1 229.8 mm，呈显著增高趋势，年均增量为 2.69 mm。与 20 世纪 60 年代相比，90 年代后热量指数增加趋势较明显（图 1-4）。湿润指数是衡量气候、热量、水分状况的综合指标，客观地反映某一地区的水热平衡状况，为年降水量（mm）与年蒸发量（mm）的比值，比值越大，气候越湿润（Dokutchaev，1894）。闽江口近 50 年湿润指数多年平均值为 0.731～0.970，总体有增加的趋势，其中 1976—1989 年湿润指数波动幅度较小，但 1990 年以后波动幅度明显增大（杨凯 等，2011）。

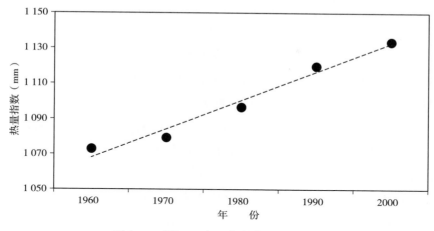

图 1-4 闽江口近 50 年的热量指数变化

总之，近 50 年来闽江口温度、区域热量指数、年降水量和湿润指数均呈上升的趋势，表明闽江口气候趋于暖湿。此外，闽江口还呈现极端天气现象，主要有强热带风暴、寒潮、霜冻、冰雹、暴雨、大风、干旱等，其中强热带风暴是闽江口主要的灾害性天气。

第四节　水　文

河流注入海洋、湖泊或其他河流入口段的水流、泥沙和河床演变等水文现象和水文过程，受河流动力过程与海洋动力过程的双重影响，空间分布和时间变化均较复杂。主要水文现象有：河口温、盐度变化；水流变化，如受冲淡水、潮汐、波浪、外海流等作用；泥沙运动，即随涨落潮泥沙出现频繁的悬浮和沉积，泥沙颗粒间彼此黏结而絮凝成团，产生絮凝和团聚现象。河口水文现象的变化受河流水文特性、河口地貌、气候等自然因素及人类活动影响。

一、温度、盐度

河口温度、盐度与蒸发量、降水量、径流量、海水运动的变化有关。闽江口海域海水水温呈现夏季＞秋季＞春季＞冬季的特征（肖莹，2014），春季水温低于 17 ℃，越往北水温越低；夏季海水温度较高，多高于 27 ℃；秋季水温较夏季逐渐下降；冬季沿岸水温最低，低温水可扩展到海峡中部。闽江口区是咸淡水交汇部位，河口区的盐度随径流、潮流相互消长而变化。盐度分布呈现口外向口内递减的规律。洪水期径流下泄距离远,枯水期径流则限定在亭江附近。垂直分布上看,洪水季节由于咸淡水混合不充分,表底层盐度差别大,分层明显;枯水季节咸水混合充分、表底层盐度差别小,分层不明显。春季闽江开始进入丰水季节,闽江口表层盐度为25,至水深5 m时则为32盐度等值线覆盖。此外,自北向南到莆田一带海域及外海均为32的盐度等值线,这个分布态势体现了闽浙沿岸流对福建沿岸的影响。夏季闽江冲淡水影响厚度比较小,25盐度等值线也与春季类似,覆盖闽江口表层;5 m层闽江口附近的盐度普遍比表层高,但32盐度等值线覆盖范围依然很小。冬季是东北季风最为强盛的季节,受闽浙沿岸流的影响较大,闽江口冲淡水的影响局限于海峡西岸离岸80 km范围内,与温度的平面分布具有良好的对应关系。综合盐度的平面分析可以看到,闽江口外海域春季、夏季明显受到闽江冲淡水的影响。春季闽江冲淡水主体向南扩展至平潭岛附近海域;夏季高温低盐的闽江冲淡水覆盖了闽江口口门及以内水体,冲出口门之后,主体部分呈舌状转向东北扩展至三沙湾外海(余少梅和陈伟,2012)。

二、径流

闽江径流丰富,多年平均年入海水量为 620×10^8 m³,最大年入海水量为 903×10^8 m³,最小年入海水量为 304×10^8 m³(陈莹 等,2011;郭晓英 等,2016)。径流量年际变化大,最大径流量与最小径流量之比为2.97,多年平均流量为 1 903 m³/s;年内分配也不均匀,汛期4—9月来水量约占全年总水量的3/4。多年平均入海月径流量,最大值出现在6月,最小值出现在12月。

竹岐水文站是闽江下游的主要水文站,控制流域面积 5.45×10^4 km²。依据竹岐站的水文资料统计,1934—1970 年多年平均径流量为 1 777 m³/s,年平均径流总量为560.9亿 m³;1971—1989 年的年平均径流量为 1 659 m³/s,年平均径流总量为 523.4亿 m³;1990—1995年的年平均径流量为 1 688 m³/s,年平均径流总量为 532.3亿 m³。最大径流总量出现在1937年,为842亿 m³,最小径流总量出现在1971年,为268亿 m³。入海径流量年际变化规律性不强,相关程度不大。年内入海径流量分配明显不均匀,5—7月的入海径流量占全年的50%,10月至翌年2月的径流量仅占全年的17.5%(鲍财胜,2004;陈莹 等,2011)。

闽江水系呈扇形分布,多支流,河流比降大,上游山区连续暴雨易造成闽江洪水泛滥,洪水携带大量径流和泥沙直接排泄到河口区。虽然洪峰的流量、泥沙量作用历时较短,但对河口地貌的塑造与演变起着重要的作用。例如:洪水暴发可使得下游航道出现滩槽移位,产生新的淤积地段,在口外海滨出现拦门沙坝,成为外沙浅滩形成的主要动力。洪水主要出现在6—7月。实测最大洪峰流量为 33 800 m³/s(1998 年6月23日),次大洪峰流量为 30 300 m³/s（1992 年 7 月 7 日）；实测最小流量为 196 m³/s（1971 年 8 月 30 日），最小月平均流量为 342 m³/s（1987 年 2 月）（鲍财胜，2004；陈莹 等，2011）。

三、潮汐、余流和波浪

潮汐能引起海平面周期性的垂直涨落和海洋水体周期性的水平流动，也是沿海和近海泥沙运动和地貌塑造重要的动力因素。例如：潮差体现潮汐能的大小，潮汐类型体现潮流的作用频率，而潮流的速度和方向则与沉积物的起动、悬浮和运移途径密切相关。闽江口属规律性半日潮，一天两涨两落，最大潮差达 6 m 以上，平均潮差达 4 m 以上。受地形约束及径流影响，涨落潮历时不相等，涨潮历时短，落潮历时长。昼夜潮位及潮差季节性变化明显，夏季高潮位昼潮比夜潮低，低潮位昼潮比夜潮高，昼潮差比夜潮差小，两者相差 0.5～1.5 m；秋冬季高潮位昼潮比夜潮高，低潮位昼潮比夜潮低，昼潮差大，夜潮差小，两者之差为 0.5～2.0 m。受径流作用的影响，闽江河口区的落潮流平均流速大于涨潮流平均流速（中国海湾志编纂委员会，1998；傅赐福等，2015）。

非天文潮引起的水流称余流，主要包括径流、风海流、密度流、补偿流和坡度流等，属于非周期性定向运动，对泥沙的搬运具有重大作用。闽江口余流主要来自闽江径流，在地形较复杂的地点，潮汐环流（即地形作用产生的潮流非线性效应）也是余流的主要成分之一。受地形影响，闽江径流主要通过闽江口海域中部的外石川水道外泄，径流越大，外泄余流越大，且外泄余流在柯氏力的作用下主要为东南流向（江甘兴，1992）。河口南北两侧主要受沿岸流控制，余流方向为东南。此外，在大风季节，风生环流也很显著。河口地形复杂，受各汊道潮波干涉作用，不同地点的水流状况差异较大，但各地点的余流流向都近似于与岸线平行；在口门以外则不受地形约束，流向几乎遍及 360°，具有旋转流的特点（郑小平，1989）。

波浪作用能引起海岸侵蚀或堆积，为沿海和近海提供沉积物来源。波浪形成的向岸流和沿岸流引起沉积物的横向或纵向搬运，并对一定水深的海底沉积物进行扰动和分选，是沿海和近海沉积和地貌塑造重要的动力因素。闽江口沿岸波浪以混合浪为主，其频率随季节而变化，一般在 50% 以上。闽江口内波浪较小，外海面开阔、风大浪高，年平均波高为 1.0～1.5 m，波浪的主要形式为风浪，其浪向分布与强风向分布接近。秋、冬两季盛行东北向风浪，风浪频率可达 60% 以上；夏季则以东南浪为主。此外，福建沿海夏秋季台风活动频繁，台风来临，其能量大，旋转强，能形成东南向大浪，可在短时间内掀起海床泥沙，对塑造口外滩槽水下地形起着重要作用（刘建辉 等，2014）。

四、咸淡水混合和外海流系

河口动力条件有周期性的变化，因而咸淡水混合也随着水动力条件的强弱交替发生变化。闽江冲淡水的扩展范围具有明显的季节变化。洪水期闽江口咸淡水混合为缓-弱混合型，时而形成分层水流；枯水期属于强混合型。春季闽江冲淡水温度特征为低温，与同属低温的闽浙沿岸流混合在一起，难以界定冲淡水的扩展范围，而表层盐度低于 25 的水体覆盖区域具明显冲淡水特征；夏季冲淡水范围温、盐度界限较为清晰，表层为温度高于 27 ℃、盐度低于 25 的冲淡水覆盖，冲淡水前沿向东北扩展至罗源湾、三沙湾；冬季闽江径流减弱，闽江口主要受到闽浙沿岸流的影响，基本看不到闽江冲淡水的痕迹（周建军 等，2004；陈坚 等，2010）。

影响闽江河口的外海流系，整年均被南下的浙闽沿岸流所控制，并受黑潮支流、南海水等水系消长强度和范围的影响。春、秋、冬季受东北季风影响，浙闽沿岸流较强，夏季则受北上的黑潮流支流及南海水的影响。

五、泥沙

河流是沿海和近海现代沉积物的主要供给源头，其入海物质的数量和成分决定区域的沉积速率和沉积过程，并参与沿海和近海地貌的塑造。咸淡水混合区悬沙的絮凝作用，造成在其滞流点附近泥沙淤积，与水下浅滩的形成发育存在一定的成因关系。闽江属丰水少沙水系，水量丰富、含沙量少、含沙量底层大于表层，来水来沙季节变化大，具有山溪性河流的代表性特征。闽江口洪、枯水期含沙量悬殊，洪水季节大、小潮都是落潮水流含沙量大于涨潮，枯季大、小潮基本上是涨潮水流含沙量大于落潮。据悬浮泥沙遥感影像分析，入海悬沙扩散和影响范围受径流、潮流、风浪和河口地形等多种因素综合影响，其扩散和影响的范围大约在 10 m 等深线范围以内，外界边缘在七星礁附近（李东义 等，2009）。据竹岐水文站 1951—2003 年资料统计，闽江多年平均含沙量 0.12 kg/m³，最大含沙量 2.6 kg/m³，最小含沙量 0.007 kg/m³；多年平均悬移质输沙量为 628×10⁴ t，最大年悬移质输沙量为 1962 年的 2 000×10⁴ t，最小年悬移质输沙量为 2003 年的 64.6×10⁴ t。闽江在不同年代多年平均入海水沙量呈不同的变化趋势：各年代的平均来水量相差变化量不大，基本处于平衡状态；年平均来沙量则从 20 世纪 60 年代以后，特别是 80 年代以后，呈大幅度的下降趋势。1975 年以前，多年平均输沙量为 735×10⁴ t；1975 年以后，多年平均输沙量为 520×10⁴ t，为多年平均值的 82.8%；1990—1996 年间年输沙量进一步减小，多年平均值为 487×10⁴ t，其中 1993—1996 年间平均值更是降到 239×10⁴ t。输沙集中在汛期，其中 4—9 月占全年输沙量的 89.4%，仅 5 月就占 23.9%，6 月占 36.6%；枯水期 10 月至翌年 2 月输沙量仅占全年输沙量的 4.2%（郑鸣芳，2007；黄永福，2010）。气候变化是引起河流输沙量产生变化的一个重要影响因素，具有周期性和长期性的特征，而人类活动的影响则具有突发性和趋势性特征，对河流入海泥沙的影响已越来越明显地主导作用。80 年代后闽江流域兴建的大中型水电站的调水作用以及近十几年闽江上下游无序的采沙行为已成为影响闽江来沙量急剧下降的决定性因素。1993 年 4 月水口电站大坝蓄水后，实测有 323 万 t 悬移质输沙量停留在大坝库区，占总输沙量的 47% 左右，实际到达水口大坝下游的沙量年平均只有 360 多万 t。1995 年竹岐站实测来沙量 254 万 t，1996 年 127 万 t，下河段的来沙量逐年减少（陈峰等，1998，1999a，1999b；许艳 等，2014）。

第五节　水　化　学

水体化学物质为水域生态系统提供了生物生长繁殖所需要的营养物质，其组成及其时间、空间上的变化对生物群落的组成、分布和功能起着至关重要的作用。作为水质评价的重要部分，主要指标包括化学耗氧量、溶解氧、氮、磷、重金属等指标。

一、化学耗氧量

闽江口海域海水中的化学耗氧量（COD）含量的平面分布呈现由西南向东北水域逐渐递减、近岸水域含量大于远岸含量两个特征。由于受闽江径流以及沿岸工业废水、生活污水与农田面源污染等因素的影响，离岸较远、水交换条件较好的海域，海水中的COD 含量相对较低。闽江口海域海水中的 COD 含量的变化范围为 0.63～1.70 mg/L，平均值为 1.12 mg/L。闽江入海口一带 COD 含量较高，变化范围为 1.34～1.70 mg/L；距闽江河海交界较远的海域 COD 含量相对较低，变化范围为 0.63～0.70 mg/L（曹宇峰，2009）。每年的 1 月和 2 月是闽江的枯水期，径流量较小，陆源有机物进入闽江口海域的量相对减少，加上 1、2 月是水产养殖的淡季，养殖生产对海域的影响也较小，因此 COD 含量较低。以 2008 年为例，闽江海域海水中的 COD 含量周年的变化范围为 0.80～1.45 mg/L，均值为 1.12 mg/L；其中，1 月和 2 月 COD 含量为 0.80～0.88 mg/L，均值为 0.84 mg/L，比其他月份明显偏低（曹宇峰，2009；郑小宏，2009；陈涵贞 等，2010）。

二、溶解氧

闽江口海域海水中的溶解氧（DO）含量存在一定的变化规律，在水温较低的秋、冬季海水中的 DO 含量相对较高，而在水温较高的夏、春季 DO 含量相对较低。DO 含量的周年范围为 5.46～8.03 mg/L，平均值为 6.94 mg/L；饱和度为 72.8%～111.3%，平均值为 85.7%（郑小宏，2009）。全年变化中，除了 8 月较高外，其他月份 DO 饱和度基本维持在较为正常的状态，含量较为充足。

三、氮、磷

氮、磷元素含量来源于自然的元素循环过程，进入水体中的氮主要有无机氮和有机氮之分。无机氮包括氨态氮（简称氨氮）和硝态氮。氨氮包括游离氨态氮 NH_3-N 和铵盐态氮 NH_4^+-N；硝态氮包括硝酸盐氮 NO_3^--N 和亚硝酸盐氮 NO_2^--N。有机氮主要有尿素、氨基酸、蛋白质、核酸、尿酸、脂肪胺、有机碱、氨基糖等含氮有机物。可溶性有机氮主要以尿素和蛋白质形式存在，可以通过氨化等作用转换为氨氮。磷则主要是以磷酸盐的形式存在于水体中。

人类的活动大大地影响氮、磷元素的正常循环或在某一处的含量。闽江是福建省第一大河流，沿途经过众多的城镇、农田、畜牧场、山林坡地等，汇入了大量的工业废水、农业废水和生活污水，特别是其沿岸农田施用的化肥利用率较低，大部分吸附于土壤后经各种途径汇入溪流并输入闽江，为其补充了大量的氮、磷营养盐。受闽江冲淡水影响，闽江口海域营养盐含量的高值区主要分布在闽江口河海交界带。氮、磷营养盐含量的平面分布呈现近岸高、向外逐渐降低的趋势。通常情况下，海水中氮、磷营养盐含量呈规律性的季节变化。春、夏季浮游植物和藻类生长旺盛，对营养盐的消耗量较大，海水中的氮、磷营养盐含量往往比秋、冬季的低。闽江每年携带溶解态无机氮（DIN）入海的数量比 $PO_4^{3-}-P$ 高，DIN 含量的变化趋势要比 $PO_4^{3-}-P$ 的更为明显，N/P 比值严重失衡。由于 DIN 含量过高，春、夏两季浮游植物生长旺季所消耗的氮对 DIN 总量的影响有限，该海域全年的 DIN 含量都维持在高位，而含量相对较低的 $PO_4^{3-}-P$ 则呈现较为明显的季节性变化，春、夏季显著低于秋、冬季（曹宇峰，2009）。

闽江口海域 DIN 分为 NH_4^+-N、NO_3^--N 和 NO_2^--N 等 3 种形态，其中，NO_3^--N 所占比例最大，春、夏、秋、冬四季中分别占总 N 的 79.60%、79.13%、90.54%、96.14%；NH_4^+-N 的再生循环最快，在海上产生的污染物中占有相当大的比重。3 种形态中，NH_4^+-N 含量的季节性波动最大，NO_3^--N 次之，NO_2^--N 最小。NH_4^+-N 含量随浮游植物生长繁殖季节的变化而变化的趋势较为明显，具有与 $PO_4^{3-}-P$ 相似的变化趋势。当海水中高含量的 NH_4^+-N 和 NO_3^--N 共同存在时，浮游植物对 NO_3^--N 的摄取受 NH_4^+-N 的控制，只有在 NH_4^+-N 含量不能满足其生长所必需的情况下才会摄取 NO_3^--N。受 $PO_4^{3-}-P$ 的限制，必然有一部分 DIN 相对过剩，相对过剩部

分只有在水体中 $PO_4{}^{3-}-P$ 得到适量的补充后，其对富营养化的贡献才能真正体现出来。$NO_2{}^--N$ 作为 $NH_4{}^+-N$ 和 $NO_3{}^--N$ 的过渡形态，属热力学不稳定态，含量通常很低，很难直接影响海水中 N 的含量。闽江口海域属富氮水体，除了每年的春、夏季呈磷中等限制潜在性富营养化外，其他季节均表现为磷限制潜在性富营养化，总体呈现为潜在性的富营养化特征，富营养化指数为 0.17～41.73（郑小宏，2010）。闽江口无机氮、磷、硅营养盐生物地球化学过程中，无机氮、硅主要是保守性行为，磷是非保守性行为。陆源冲淡水输送给闽江口补充了丰富氮、硅营养盐，而陆源冲淡水与海水中磷含量差别不大，Si∶N∶P 比值表明闽江口磷是浮游植物的限制性因子（叶翔 等，2011；胡敏杰 等，2014；2016）。

四、重金属

重金属离子的污染物进入水体后对水体造成的污染是环境保护的关键问题。矿冶、机械制造、化工、电子、仪表等工业生产过程中产生的重金属废水（含有铬、镉、铜、汞、镍、锌等重金属离子）是对水体污染最严重和对人类危害最大的工业废水之一。废水中的重金属是各种常用水处理方法不能分解破坏的，而只能转移它们的存在位置和转变它们的物理化学状态。

闽江口湿地重金属含量沿海岸带总体上表现为两头低中间高的特点（洪丽玉 等，2000）。不同植被下沉积物中重金属元素的含量为：咸草湿地＞秋茄湿地＞芦苇湿地＞水稻湿地；不同土地利用方式的重金属污染程度为：鱼塘＞草滩＞光滩＞水稻；不同沉积柱样各重金属元素含量分布模式为：Mn＞Zn＞Cu＞Pb＞Cd。闽江口沉积物中各个重金属元素活力大小的顺序是：Mn＞Cd＞Pb＞Zn＞Cu＞Ni＞Fe。以 1995—1996 年为例，闽江口-马祖列岛海域表层沉积物重金属 Cu、Pb、Zn、Cd 的含量分布范围依次为 15.0～37.2 mg/kg、28.9～69.6 mg/kg、82.9～128 mg/kg、0.087～0.336 mg/kg。根据底质评价标准，Pb、Zn 含量明显超标。闽江口海域水体中 Cu 含量年际变化幅度较小，除2006 年出现极高值 9.92μg/dm³，其余各年均在中值 2.44μg/dm³ 上下波动；Pb 含量年平均测定值在 1.10～5.62μg/dm³，多年来无明显较大波动；Zn 含量年际差异在闽江口海域水体中呈逐渐减小的趋势，在 2003—2008 年平均含量变化幅度较大，年平均值最大值出现在 2004 年，为 80.80μg/dm³，最小值出现在 2006 年，为 4.40μg/dm³；2009—2012 年期间年际变化相对平稳，年平均值为 18.02～21.89μg/dm³；Cd 含量较稳定，虽然年平均含量呈逐年波动下降的趋势，但各年际间的含量比较接近，变化幅度较小，年平均值最高值是 2003 年的 0.156μg/dm³（林峰 等，1989；林建杰，2013）。

第二章
闽江口生物资源

入海河口是河流与海洋的结合地段，是一个半封闭的沿岸水体，包括以河流特性为主的近口段、以海洋特性为主的口外海滨段和两种特性相互影响的河口段。河口潮汐的涨落和河水的洪枯使河口水流处于经常的动荡中，影响着河流终段和近海水域。河口拥有大量营养盐类和有机碎屑，为食碎屑动物或滤食动物提供了丰富的食源。由于透明度低，浮游植物光合作用的效能受影响，致使河口营养物质未能充分利用，同时滤食性或草食性动物大量发展，形成相当高的次级产量。

河口水温随纬度而异，一些生物类群表现出季节性更替现象。河口生物在盐度适应方面存在较大差别，呈现出明显的空间分布差异。按对盐度的耐受能力，河口生物可划分为：贫盐性种类，适应在 5.0 的盐度以下生活，接近正常淡水环境，仅见于河口内段；低盐度种类，适应在 15.0～32.0 的盐度范围生活；广盐性海洋种，适应在 26.0～34.0 的盐度范围生活，适应幅度较大，可分布在河口，也可见于外海；狭盐性海洋种，适应在 33.0～34.5 的盐度范围生活，随着外海高盐水的入侵，偶见于河口区或季节性地分布到河口。

闽江是福建第一大江，流域植被较好，径流带来的有机物和营养盐十分丰富，水体中的无机氮和磷酸盐含量丰富，水生生物类群繁多，尤以低盐类为主（福建省海岸带和海涂资源综合调查领导小组办公室，1990）。闽江口及邻近海域有浮游植物 200 余种（肖莹，2013）；海藻类约 150 种，经济藻类主要有海带、紫菜、裙带菜、江蓠和羊栖菜等（宁岳 等，2011）；底栖生物 200 余种（李荣冠 等，1997）；甲壳动物常见的有 100 多种，经济价值较高的有 20 多种，主要有鹰爪虾、南美白对虾、斑节对虾、口虾蛄、梭子蟹和青蟹等（刘修德，2009）；头足类最常见的有 6 种；贝类 164 种，主要有牡蛎、鲍、泥蚶、贻贝、扇贝和蛏等（陈强 等，2012）；鱼类常见的约有 250 种，经济价值较高的有 100 多种，主要有海鳗、鲥、大黄鱼、鲷、石斑鱼、蓝圆鲹、小黄鱼、带鱼、鲳、鲐、马鲛、金枪鱼、马面鲀、鲈和鲆鲽类等（福建省渔业区划办公室，1988；颜尤明 等，1991；黄林敏 等，2010；蒋新花 等，2010）。

第一节 叶 绿 素

河口水体中浮游植物叶绿素浓度是水生生物调查中的一个重要观测参数，用于表征浮游植物生物量，并利用它与浮游植物光合作用之间的相互关系估算水域初级生产力，进而间接推算出渔业资源的潜力。据 1984—1986 年调查结果，闽江口叶绿素含量夏季最高，7 月可达 4.21～8.87 mg/m³，平均值为 6.67 mg/m³，显著高于其他季节；5 月平均值为 1.27 mg/m³，2 月下降到 1.05 mg/m³，11 月继续下降到 0.62 mg/m³，为全年最低。空间分布上看，5月和11月南北部叶绿素含量比较一致，范围值分别为 0.95～1.62 mg/m³ 和 0.33～0.89 mg/m³。7月闽江口叶绿素含量呈现北高南低的态势，北部的叶绿素 a 含量均值约为南部的 2 倍，表底均匀。导致 7 月出现高值的原因主要是高温、高盐及富营养盐含量，极大地刺激了浮游植物的大量生长（陈其焕 等，1996；陈兴群，2006；蔡玉婷，2010）。2 月叶绿素含量与 7 月相反，为南高北低，范围值 0.66～1.20 mg/m³。根据 2009 年调查结果，春、秋季闽江口海域叶绿素 a 空间平面分布大致呈现近岸高于远岸的特点，浓度范围值为 0.26～4.39 mg/m³，平均值为 1.58 mg/m³，较 20 年前变化不大，但范围显著扩大，达到 9 倍（王键 等，2012；肖莹，2014）。

第二节　浮游植物

浮游植物指在水中以浮游状态生活的微小植物，通常是指浮游藻类，包括蓝藻门（Cyanophyta）、绿藻门（Chlorophyta）、硅藻门（Bacillariophyta）、金藻门（Chrysophyta）、黄藻门（Xanthophyta）、甲藻门（Pyrrophyta）、隐藻门（Cryptophyta）和裸藻门（Euglenophyta）等 8 个门类的浮游种类。浮游植物种群的组成和数量在一年内的不同季节有规律地发生变化：水温较低的秋末—春初适于甲藻和硅藻大量生长，水温较高的春末—秋初有利于绿藻和蓝藻繁殖。水质污染也影响浮游植物种类组成的变化。在未受污染的水体中，藻类种类的组成因季节和环境因素的变化而发生变化；在被污染的水体中，随污染物和污染程度的不同，种群组成的变化却是无规律的。特别是那些对环境变化较敏感、喜低温、有机质含量低、水体透明度大的藻类，在污染水体中变化最为明显。

温度、盐度是决定浮游植物生长与分布的关键环境要素。根据浮游植物对温、盐度的耐受能力，可将其大致分为 4 个生态种群：

（1）广温广盐类群　代表种有中肋骨条藻（*Skeletonema costatuma*）、菱形海线藻（*Thalassionema nitzschioides*）、尖刺菱形藻（*Nitzschia pungens*）和纺锤角藻（*Ceratium fusus*）等。这些种类分布广，数量大，是本区最主要的类群之一。

（2）广温低盐类群　本区较主要的生态群落。代表种有旋链角刺藻（*Chaetoceros curvisetus*）、柔弱菱形藻（*Nitzschia delicatissima*）、丹麦细柱藻（*Leptocylindrus danicus*）、具槽直链藻（*Melosira sulcata*）和夜光藻（*Noctiluca scintillans*）等。

（3）高温低盐类群　种类较少，主要以长角弯管藻（*Eucampia cornuta*）和柏氏角管藻（*Cerataulina pelagica*）等为代表种。

（4）高温高盐类群　由大洋暖水种类组成，主要出现于盛夏之际。如三叉角藻

（*Ceratium trichoceros*）、粗根管藻（*Rhizosolenia robusta*）、佛朗梯形藻（*Climacodium frauenfeldianum*）等。这些种类不但出现率低，而且细胞个数稀少。

闽江口 1984—1986 年调查共记录浮游植物种类 105 种，其中，硅藻 83 种、甲藻 19 种、蓝藻 2 种和金藻 1 种。数量优势种有日本星杆藻（*Asterionella japonica*）、旋链角刺藻、菱形海线藻、洛氏角刺藻（*Chaetoceros lorenzianus*）、中肋骨条藻和尖刺菱形藻。闽江口浮游植物种类数和数量密度均呈现明显的季节变化，夏季种类最丰，8 月达 82 种，数量密度均值高达 4 228.70×10^4 个/m^3，以日本星杆藻、旋链角刺藻、菱形海线藻、洛氏角刺藻、中肋骨条藻、尖刺菱形藻等占绝对优势；秋季居次，11 月为 44 种，但数量密度急剧下降，仅为 11.80×10^4 个/m^3，主要以洛氏角刺藻、日本星杆藻、中心圆筛藻（*Coscinodiscus centralis*）和伏氏海毛藻（*Thalassiothrix frauenfeldii*）等较占优势；春、冬两季种数较贫乏，5 月和 2 月分别为 18 种和 15 种，数量密度分别为 14.08×10^4 个/m^{3}和 4.0×10^4 个/m^3，前者以夜光藻、中肋骨条藻、星脐圆筛藻（*Coscinodiscus asteromphalus*）和虹彩圆筛藻（*Coscinodiscus oculusiridis*）等数量较丰，后者以中肋骨条藻占主导地位（林景宏和陈瑞祥，1989）。

2009 年，闽江口海域春、秋两个航次共检出浮游植物 5 门 54 属 129 种。其中，硅藻门 46 属 118 种，占总种数的 91%；甲藻门 5 属 8 种，占总种数的 6%；蓝藻门 1 属 1 种，占总种数的 1%；绿藻门 1 属 1 种，占总种数的 1%；隐藻门 1 属 1 种，占总种数的 1%。硅藻门角毛藻属（*Chaetoceros*）种类最多，达 24 种；其次为硅藻门圆筛藻属（*Coscinodiscus*），达 17 种。闽江口浮游植物种类数春季显著大于秋季，但物种组成相似性较低，说明该海区浮游植物的季节更替较明显。春季浮游植物细胞密度范围为 4.28×10^3～7.43×10^5 个/m^3，南北空间分布相差悬殊，优势种为中肋骨条藻、旋链角刺藻和柔弱角毛藻（*Chaetoceros debilis*）；秋季浮游植物细胞密度范围为 1.56×10^3～4.66×10^4 个/m^3，空间分布均匀，优势种为中肋骨条藻、细弱圆筛藻（*Coscinodiscus subtilis*）和琼氏圆筛藻（*Coscinodiscus jonesianus*）（王彦国 等，2012）。闽江口浮游植物种数整体上较 20 年前增加 24 种，尤以硅藻类明显。优势种除中肋骨条藻和旋链角刺藻，出现明显替代过程。受闽江冲淡水影响，闽江口海域营养盐含量常年居高不下，高值区主要分布在闽江口河海交界带，营养盐平面分布呈现近岸高，向外逐渐降低的趋势。该海域浮游植物细胞数量，总体呈现近岸到远岸逐渐减少的趋势。

福建沿海赤潮生物种类繁多，是赤潮发生的内在因素，一旦水域条件适宜，就可能引起相应的赤潮，对海洋生态系统造成极大的危害。例如，中肋骨条藻属广温广盐种，在闽江口具明显的季节差异。春季时中肋骨条藻的数量尚少，5 月均值为 1.01×10^4 个/m^3；夏季该种大量出现并形成高峰，8 月均值达 235.8×10^4 个/m^3；至秋季中肋骨条藻数量锐减，11 月均值仅 0.3×10^4 个/m^3；冬季该种数量略有回升，2 月均值为 3.36×10^4 个/m^3。菱形海线藻为广盐种，在闽江口主要出现于夏季，8 月均值达 294.8×

10^4 个/m³；秋、春两季该种仍维持一定的数量；冬季数量骤减，2 月均值仅 $0.06 \times$ 10^4 个/m³（王雨 等，2009）。

第三节　浮游动物

　　浮游动物是一类在水中营浮游性生活、本身不能制造有机物的异养型无脊椎动物和脊索动物幼体的动物类群的总称，它们或者完全没有游泳能力，或者游泳能力微弱，不能作远距离的移动，也不足以抵抗水的流动力。浮游动物的种类极多，从低等的微小原生动物、腔肠动物、栉水母、轮虫、甲壳动物、腹足动物等，到高等的尾索动物，几乎每一类都有永久性的代表，其中以种类繁多、数量庞大、分布广泛的桡足类最为突出。浮游动物在水层中的分布也较广。无论是在淡水，还是在海水的浅层和深层，都有典型的代表。此外，除了以浮游生物形式度过全部生命的终生浮游生物（如原生动物和桡足类），还有阶段性浮游动物或季节性浮游生物，如幼海星、蛤、蠕虫、游泳动物（如鱼类）和一些在变成成体进入栖息场所以前以浮游生物形式生活和摄食的底栖生物。

　　很多种浮游动物的分布与气候有关，因此，也可用作暖流、寒流的指示动物。此外，还有不少种类可作为水污染的指示生物。如在富营养化水体中，裸腹溞（Moina）、剑水蚤（Cyclops）、臂尾轮虫（Brachionus）等种类一般形成优势种群（Alldredge 和 King，2009）。作为中上层水域中鱼类和其他经济动物的重要饵料，浮游动物对渔业的发展具有重要意义。

　　闽江口在地理上属于较为典型的亚热带海域，且受到台湾暖流的影响，决定了该水域浮游动物在适温性上以亚热带种为主（郑重 等，1982；肖莹，2013）。根据本区浮游动物的生态习性和分布特点，可将浮游动物大致分为 4 个生态类群：

　　（1）近岸广温类群　　该类群的种类不多，但一些种类在本区的数量具相当优势，如拟细浅室水母（Lensia subtiloides）、真刺唇角水蚤（Labidocera euchaeta）等。

　　（2）近岸暖温类群　　种类较少，但很常见，代表种有中华哲水蚤（Calanus sinicus）和拿卡箭虫（Sagitta nagae）等。

　　（3）近岸暖水类群　　该类群的种类较多，且分布广，尤以夏季数量最可观，代表种有微刺哲水蚤（Canthocalanus pauper）、锥形宽水蚤（Temora turbinata）、尖额谐猛水蚤（Euterpe acutifrons）、真囊水母（Euphysora bigelowi）和球形侧腕水母（Pleurobrachia globosa）等。

　　（4）广温高盐类群　　主要出现于盛夏之际，出现频率低，且数量稀少，如普通波水蚤（*Undinula vulgaris*）和软拟海樽（*Dolioletta gegenbauri*）等。

按浮游动物的适宜温度程度，可将其分为以下 4 个生态类群：

（1）暖温带近海种　包括中华哲水蚤、真刺唇角水蚤、钳形歪水蚤（*Tortanus forcipatus*）等。

（2）亚热带近海种　主要包括百陶箭虫（*Sagitta bedoti*）、球型侧腕水母（*Pleurobrachia globosa*）、针刺拟哲水蚤（*Paracalanus aculeatus*）等。

（3）亚热带外海种　包括肥胖箭虫（*Sagitta enflata*）、亚强次真哲水蚤（*Subeucalanus subcrassus*）、锥形宽水蚤（*Temora turbinata*）等。

（4）热带大洋种　仅 1 种，为半口壮丽水母（*Aglaura hemistoma*）。

20 世纪 80 年代，闽江口共记录浮游动物 83 种。其中，桡足类 34 种，水母类 28 种、毛颚类 5 种、介形类 3 种、糠虾类 3 种、海樽类 3 种、细螯虾 2 种、枝角类 2 种、磷虾类 1 种、莹虾类 1 种、毛虾类 1 种。在这些种类中，以拟细浅室水母（*Lensia subtiloides*）、大西洋五角水母（*Muggiaea atlantica*）、刺尾纺锤水蚤（*Acartia spinicauda*）、肥胖箭虫、真刺唇角水蚤和中华哲水蚤等的数量占优势。闽江口桡足类种类的分布，呈现出由西向东、随盐度的增高种类逐渐丰富的明显趋势。数量的高密度区主要分布在调查区西侧近岸水域，东部开阔水域的数量均较稀少。在时间尺度上，种数的季节差异较大，高峰出现在夏季，8 月达 58 种，重量密度均值达 735 mg/m³，以刺尾纺锤水蚤、肥胖箭虫和真刺唇角水蚤占优势。此外，驼背隆哲水蚤（*Acrocalanus gibber*）和锥形宽水蚤（*Temora turbinata*）等的数量也较可观；秋、春两季居中，11 月和 5 月分别为 31 种和 22 种，重量密度均值分别为 119 mg/m³ 和 141 mg/m³，前者以中华假磷虾（*Pseudeuphausia sinica*）、中华哲水蚤和精致真刺水蚤（*Euchaeta concinna*）等占优势，后者以中华哲水蚤、锥形宽水蚤和拿卡箭虫为主；冬季种数量少，2 月仅 12 种，重量密度尾均值仅 46.0 mg/m³，以中华哲水蚤和桡足类幼体为主导（福建省海岸带和海涂资源综合调查领导小组办公室，1990）。1990—1991 年调查共鉴定有浮游桡足类 37 种，其中，近岸（含暖水、暖温水和广布）种最多，占 64.88% 以上；河口种和外海种均较少，分别占 16.20% 和 18.92%。数量上以火腿许水蚤（*Schmackeria poplesia*）、真刺唇角水蚤和中华异水蚤（*Acartiella sinensis*）为优势种；刺尾纺锤水蚤、太平洋纺锤水蚤（*Acartia pacifica*）和虫肢歪水蚤（*Tortanus vermiculus*）为常见种（朱长寿，1997）。2008 年闽江口调查结果显示，闽江口区域共有浮游动物 36 种，主要优势种包括肥胖三角蚤（*Evadne tergestina*）、肥胖箭虫、刺尾纺锤水蚤、球型侧腕水母、百陶箭虫和亚强次真哲水蚤（*Subeucalanus subcrassus*）（陈剑和徐兆礼，2015；陈剑 等，2015）。

闽江口的优势种全部为亚热带种，主要优势种包括拟细浅室水母、肥胖箭虫、中华哲水蚤等。拟细浅室水母从我国南黄海至南海均有分布，是东海、台湾海峡和南海近岸水域的优势种，在闽江口大量出现于春季，至夏季数量锐减，到秋季数量甚微，均值每立方米不到 1 个，至冬季该种在闽江口完全绝迹；肥胖箭虫属暖水性广盐种，在闽江口出现于春夏秋三季，且季节变化相当显著：春季肥胖箭虫数量很少，均值仅 0.5 个/m³；夏季该种大量出现并形成高峰，8 月均值达 87.3 个/m³；秋季该种数量又骤减，11 月均值仅 3.13 个/m³；中华哲水蚤在闽江口四季均有分布，但数量高峰出现于春季，达 23 个/m³；夏季数量剧减，均值仅 0.81 个/m³；秋、冬两季数量均有回升，11 月和 2 月均值分别为 8.03 个/m³ 和 8.67 个/m³（朱长寿，1997）。

第四节　潮间带生物

潮间带生物又称潮汐带生物，为栖息于有潮区的最低低潮线与最高高潮线间海岸带的一切动植物的总称。潮间带介于陆、海间，受到空气和海水淹没的交替影响，伴有明显的昼夜、月和年度的周期性变化。受栖息地环境作用，潮间带其生物显示出独特的生态学特征，表现为两栖性（广温、广盐、耐干旱和耐缺氧等）、节律性（物种的活动周期与潮汐周期相一致）、分带性（依据栖息地干湿程度的分带分布现象）等（陈品健 等，1989）。根据潮间带基底性质，又可将潮间带生物进一步划分为：

（1）岩礁海岸型　岩礁是潮间带生物最繁茂的区域，主要有各种固着生物，如海藻、多种海螺、小藤壶、贻贝、牡蛎、蟹等。

（2）沙质海岸型　由于底质的不稳定性和缺乏合适的附着基质，此区生物种类较少，主要有虾、蟹、蛤类等。

（3）泥质海岸型　此类型基底大多为广阔的泥滩，富含有机质，主要分布有软体动物如泥蚶、乌蛤等。

（4）河口潮间带型　此区生物具有广盐广温性、耐低氧性等特点，以碎屑食性为主，如牡蛎、锯缘青蟹及贻贝等。潮间带可发展、多种藻类（如海带）、贝类的人工养殖。

20 世纪 80 年代，闽江口潮间带生物已鉴定的有 152 种。其中，藻类 3 种，多毛类动物 36 种，软体动物 30 种，甲壳动物 48 种，棘皮动物 3 种，其他动物 32 种。种数以甲壳动物居首位，多毛类动物占第二位（陈品健和宋振荣，1988）。

在不同生态相中，潮间带生物的种数和种类组成是不同的。闽江口软相潮间带生物，经初步估计有经济种 38 种，其中，主要和习见的经济种有锐足令刺沙蚕（*Nectoneanthes oxypoda*）、拟突齿沙蚕（*Paraleonnats uschakovi*）、软疣沙蚕（*Tylonereis bogoyawleskyi*）、浅古铜吻沙蚕（*Glycera subaenea*）、裸体方格星虫（*Sipunculus nudus*）、可口革囊星虫（*Phascoloma esculenta*）、四角蛤蜊（*Mactra veneriformis*）、西施舌（*Mactra antiquata*）、彩虹明樱蛤（*Moerella irideseens*）、缢蛏（*Sinonovacula con-*

stricta)、文蛤（*Meretrix lusoria*）、光滑河篮蛤（*Potamocorbula laevis*）、珠带拟蟹守螺（*Cerithidea cingulata*）、纵带滩栖螺（*Batillaria zonalis*）、斑玉螺（*Natica maculosa*）、东方长眼虾（*Ogyrides orientalis*）、锯缘青蟹（*Scylla serrata*）、模糊新短眼蟹（*Neoxenophthalmus obscurus*）、日本大眼蟹（*Macrophthalmus japonicus*）、蝎拟绿虾蛄（*Cloridopsis scorpio*）、短吻栉虾虎鱼（*Ctenogobius brevirostris*）、弹涂鱼（*Periophthalmus modestus*）等（陈品健 等，1989；王晓娟，2013）。闽江口软相潮间带生物种数的垂直分布以中潮区居多，其次是低潮区和高潮区。按数量大小和出现频率，闽江口软相潮间带生物的优势种有齿吻沙蚕属（*Nephtys*）、彩虹明樱蛤、宽身大眼蟹（*Macrophthalmus dilatatus*）、宁波泥蟹（*Ilyoplax ningpoensis*）、模糊新短眼蟹（*Neoxenophthalmus obscurus*）、日本大眼蟹、裸体方格星虫等。

第五节　潮下带生物

潮下带指位于平均低潮线以下、浪蚀基面以上的浅水区域，即潮间浅滩外面的水下岸坡，沉积物以细沙为主。此区域水浅、阳光足、氧气丰、波浪作用频繁，从陆地及大陆架带来丰富的饵料，故海洋底栖生物很多，有大量鱼类、虾及蟹、珊瑚、苔藓动物、棘皮动物、海绵类、腕足类等。

根据 1984—1985 年调查结果，闽江口潮下带底栖生物有 219 种。其中，多毛类动物 65 种，软体动物 55 种，甲壳动物 54 种，棘皮动物 11 种和其他动物 34 种。构成闽江口潮下带底栖生物的 3 个主要类群（李荣冠 等，1997）：多毛类动物，软体动物和甲壳动物，三者占总种数的 79.45%。根据数量的大小及出现频率，闽江口潮下带底栖生物优势种有西施舌、棒锥螺、浅缝骨螺、波纹巴非蛤、长额仿对虾、日本毛虾、光滑背棘蛇尾、棘刺锚参、凤鲚和棘头梅童鱼等。西施舌和长额仿对虾的分布最广，几乎遍布闽江口。根据生物量数据，占优势的依次为棘皮动物、软体动物和多毛类动物，分别占总生物量的 61.20%、13.67% 和 12.73%。按季节划分，闽江口潮下带底栖生物的生物量季节变化大小次序为夏季（27.69 g/m²）、冬季（17.68 g/m²）、春季（17.35 g/m²）、秋季（9.24 g/m²）；栖息密度大小次序为秋季（216 个/m²）、春季（135 个/m²）、夏季（119 个/m²）、冬季（58 个/m²）。各类群数量的季节变化显示：多毛类动物春季最高、夏季最低；软体动物秋季最高、冬季最低；甲壳动物春季高、秋季最低；棘皮动物夏季最高、秋季最低；其他动物冬季最高、秋季最低（张雅芝和陈品健，1997）。

按物种种间关系分析，闽江口潮下带底栖生物大体上可分为以下 4 个群落（中国海湾志编纂委员会，1998）：

（1）棒锥螺（*Turritella bacillum*）-幽辟新短眼蟹（*Neoxeaophthalmus obscurus*）-棘刺锚参（*Protankyra bidentata*）群落　位于闽江口北部，水深8～21 m，盐度为28.89～33.82，底质以软泥为主。该群落共有148种，其中，多毛类动物60种，软体动物25种，甲壳动物33种，棘皮动物10种，其他动物20种。生物量以棘皮动物居首位，软体动物占第二位；栖息密度以多毛类动物占第一位，甲壳动物占第二位。代表种棒锥螺主要出现在秋季，幽辟新短眼蟹最大的生物量出现在冬季，棘刺锚参在夏季的生物量最高。其他主要种和习见种还有中华内券齿蚕（*Aglaophamus sinensis*）、加州中蚓虫（*Mediomastus californiensis*）、欧努菲虫（*Onuphis eremita*）、波纹巴非蛤（*Paphia undulate*）、浅缝骨螺（*Murex trapa*）、扁足异对虾（*Atypopenaeus stenodacty*）、双斑蟳（*Charybdis bimaculata*）、裸盲蟹（*Typhlocarcinus nudus*）、镶边海星（*Craspidaster hesperus*）等。

（2）泥东风螺（*Babylonia lutosa*）-波纹巴非蛤（*Paphia undulate*）-伶鼬榧螺（*Oliva mustelina*）群落　喜以粉沙和细沙为主的底质、水深9～12 m的一带水域。群落共有物种91种，其中，多毛类动物16种，软体动物32种，甲壳动物28种，棘皮动物4种和其他动物11种。生物量和栖息密度以多毛类动物占第一位，拖网取样以其他动物，如鱼类占优势。代表种为泥东风螺和波纹巴非蛤，其他主要种和习见种还有中华内卷齿蚕、加州中蚓虫、中华蛤蜊（*Mactra chinensis*）、锯齿巴非蛤（*Paphia gallus*）、方斑东风螺（*Babylonia areolata*）、浅缝骨螺（*Murex trapa*）、纵肋织纹螺（*Nassarius variciferus*）、白带三角口螺（*Trigonaphera bocageana*）、细肋蕾螺（*Gemmula deshayesii*）、假主棒螺（*Crassispira pseudoprinciplis*）、白龙骨乐飞螺（*Lophiotoma leucotropis*）、假奈拟塔螺（*Turricula nelliae spurius*）、刀额仿对虾（*Parapenaeopsis cultrirostris*）、日本毛虾（*Acetes japonicus*）、双斑蟳、二角赛瓜参（*Radix bicarpium*）和日本单鳍电鳐（*Narke japonica*）等。

（3）西施舌-加州齿吻沙蚕（*Nephtys californiensis*）-日本毛虾群落　分布广，喜以粉沙和细沙为主的底质，水深多在5 m以内。群落共有物种22种，其中，以软体动物和甲壳动物占多数。优势种西施舌在该群落中分布广，且栖息密度大；加州齿吻沙蚕的数量虽不大，但出现率也较高。该群落的主要种和习见种还有日本毛虾、带荚蛏（*Siliqua fasciata*）、扁玉螺（*Neverita didyma*）、角仿对虾（*Parapenaeopsis cornuta*）等。

（4）棘头梅童鱼（*Collichthys lucidus*）-凤鲚（*Coilia mystus*）-中国毛虾（*Acetes chinensis*）群落　位于闽江口中部，水深6～13 m，盐度平均为28.85，底质以泥质沙、中沙和细沙为主。该群落共有52种，其中，多毛类7种，软体动物10种，甲壳动物18种，棘皮动物2种，其他动物15种。生物量和栖息密度以多毛类动物占第一位，拖网取样以其他动物，如鱼类占优势。主要优势种为棘头梅童鱼、凤鲚、中国毛虾，其他主要种和习见种还有中华内卷齿蚕、扁玉螺、豆形胡桃蛤（*Nucula faba*）、文蛤（*Meretrix lusoria*）、浅缝骨螺、纵肋织纹螺（*Nassarius variciferus*）、脊尾白虾（*Exopalaemon* carinicauda）、中华绒螯蟹（*Eriocheir sinensis*）和口虾蛄（*Oratosquilla oratoria*）等。

近年来，人类在河口区的频繁活动，包括交通、贸易、水产养殖等都在影响着河口生态。河流承受城市工业排放的污染，河水中汇集了大量陆源污染物，更直接威胁着河口生物的生存和繁殖。例如氮的排放可形成河口高度富营养水，促使一些鞭毛虫类和硅藻过度繁殖造成河口赤潮现象，直接危害河口贝类、鱼类等。一些重金属离子和农药也常在河口养殖对象体内富集。

第三章
闽江口渔业资源

渔业资源是指天然水域中具有开发利用价值的鱼、甲壳类、贝、藻和海兽类等经济动植物的总体，又称水产资源。目前，已开发利用的渔业资源中，70％直接供应人们食用，如鲜品、冻品、罐藏以及盐渍、干制等加工品；30％加工成饲料鱼粉、工业鱼油、药用鱼肝油等综合利用产品。渔业资源根据其开发利用程度可分为：利用枯竭，即在相当长时期内资源量难以恢复到正常水平；过度利用，即资源已衰退，但只要采取保护措施，尚能恢复；充分利用，即能适应资源自然更新能力，保持最适持续产量；未充分利用，即资源利用尚有潜力（陈新军和周应祺，2001）。对水域中经济动植物个体或群体的繁殖、生长、死亡、洄游、分布、数量、栖息环境、开发利用的前景和手段等进行调查，是发展渔业和对渔业资源管理的基础性工作。调查目标包括：特定水域范围内的可捕鱼类和其他水生经济动植物的种群组成；种群在水域分布的时间和位置；可供捕捞种群的数量或已开发程度。

近几十年来，福建沿海已开展了较多的海洋生物生态调查工作，如 1961—1964 年福建省海岸带调查、1975 年闽南-台湾浅滩渔场调查、1977—1979 年闽中渔场调查、1979 年开始的全国海岸带与海涂资源综合调查（福建部分）、1981—1983 年福建省浅海滩涂渔业资源调查和渔业区划研究、1981—1983 年闽东渔场调查、1984—1985 年台湾海峡西部海域综合调查、1984 年台湾海峡中北部调查、1987—1989 年闽南-台湾浅滩渔场上升流生态系研究、1989—1995 年全国海岛资源综合调查与开发试验（福建部分）、福建省主要港湾水产养殖容量调查、福建省浅海滩涂养殖容量规划、海洋环境监控及赤潮监控区建设、自然保护区建设等项目调查与研究工作。目前福建渔业主要靠低质小型鱼类、头足类、虾蟹类支撑，而且季节变动明显，经济效益不高；灯光围网作业持续萎缩，渔船大型化，渔场向深水推进。整体上海域渔业资源出现衰退，自 1994 年以来福建近海实际年渔获量已连续 10 多年超过渔业资源的最大可持续开发量；投入的捕捞力量也已连续 10 多年超过剩余产量模式估算的最大可持续捕捞力量，呈现渔获量和捕捞力量"双超"的局面（李雪丁和卢振彬，2008）。

以上这些项目研究结果大部分是反映前 20～50 年福建沿海的渔业资源状况，为福建沿海渔业资源的评估和保护工作提供了详尽的历史资料，但难以准确地反映闽江口海域当前渔业资源状况，对该海域鱼类的资源状况及群落结构变化缺乏系统认识。因此，对闽江口沿海渔业资源动态、鱼类群落结构及多样性的现状了解，将对制定合理的渔业管理措施和实现渔业资源可持续利用具有重要的理论价值和现实意义。

第一节 游泳动物调查时间、范围及站位设置

一、调查区域

分别于 2015 年春（4—5 月）、夏（7—8 月）、秋（10—11 月）、冬（1—2 月）4 个季节进行采样。

设计采样站位 14 个（01、02、03、04、05、06、07、08、09、10、11、12、13、14）（图 3-1）。

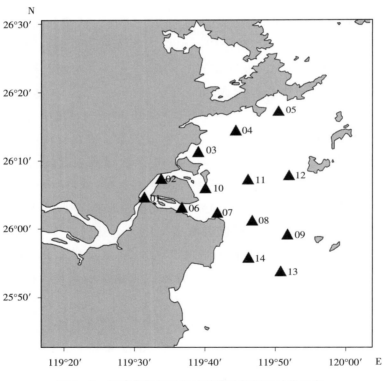

图 3-1 福建省闽江口海域游泳动物调查站位示意

二、调查用船

调查船租用底层单拖网渔船"闽连渔 62158"号，122 t、202 kW、28 m 长。游泳动物调查渔具为底拖网和定置张网。网具尺寸宽为 7.5 m、高为 3 m、长为 45 m。

网口网目为 4.5 cm，囊网网目为 2.5 cm。依据调查对象游泳能力和调查船性能，设定每个站位的拖网平均拖速为 6.02～7.85 km/h（3.25～4.24 kn），每一网次拖曳时间为30～60 min。

第二节 游泳动物调查内容

游泳动物拖网调查内容及方法是依照中华人民共和国国家标准《海洋调查规范 第6部分：海洋生物调查》（GB/T 12763.6—2007）和中华人民共和国水产行业标准《建设项目对海洋生物资源影响评价技术规程》（SC/T 9110—2007）中的相关技术标准的要求实施。

一、调查方法

（一）取样

放网：准确测定船位，综合拖速、拖向、流向、流速、风向和风速等多种因素，在距离目标点 2～4 km 处放网，经 0.5～1 h 拖网后刚好达到目标样点。

拖网：拖网时尽可能保持方向朝着目标站位，详细记录水层、经纬度和拖网速度的变化；若出现不正常拖网时，应立即起网。

起网：起网时准确测定船位，如遇严重破网等鱼捞事故导致渔获物种类和产量不正常时，重新拖网操作。

依据中华人民共和国水产行业标准《建设项目对海洋生物资源影响评价技术规程》（SC/T 9110—2007），本次调查设定的底层拖网网具鱼类、甲壳类、头足类重量和尾数的逃逸率均为 0.5。

（二）样品处理

将网具里的全部渔获物倒在甲板上，记录总重量。渔获物总重量少于 40 kg，全部保留进行分析；渔获物总重量大于 40 kg 时，挑出大型和稀有样本后，余下渔获物在船上先进行大类群的分类，如鱼类、甲壳类（包括虾类、蟹类、虾蛄类）和头足类，然后分别放入封口胶袋内，写好标签，放进冰桶中保鲜，带回实验室进行物种鉴定和测定。

仪器设备：解剖镜、显微镜、电子天平、电子秤、提秤、量鱼板、卷尺、托盘、游标卡尺、解剖刀、解剖剪（图 3-2）。

图 3 - 2　室内物种鉴定和测定器械

二、调查要素

调查要素主要包括游泳动物的种类组成、数量分布、群体组成，以及生物学和生态学特征及其时空变化等。

对渔获物中的每个物种进行种类鉴定、照片采集、总重量和总尾数统计，记录网产量，并进行生物学测定。每个种类少于50尾的全部进行生物学测定，大于50尾的则随机取出50尾进行生物学测定。鱼类的测定指标为全长（cm）、体长（cm）、叉长（cm）、肛长（cm）、体盘长（cm）和体重（g）；甲壳类（虾类、蟹类、虾蛄类）的测定指标为体长（cm）、头胸甲长（cm）、头胸甲宽（cm，仅蟹类测）、体重（g）等；头足类的测定指标为胴体长（cm）和体重（g）。

（一）鱼类（图 3 - 3）

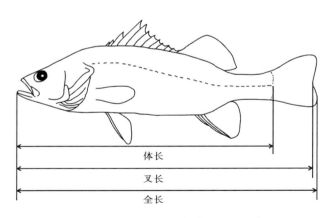

图 3 - 3　鱼类基本形态特征测量示意

全长：吻端至尾鳍末端的距离。

体长：吻端至尾椎骨末端的距离，适用于尾椎骨末端易于观察的种类，如石首鱼科、鲷科、鲆鲽类。

叉长：吻端至尾叉的距离，适用于尾叉明显的鱼类，如鲱科的大部分鱼类。

肛长：吻端至肛门前缘的距离，适用于尾鳍、尾椎骨不易测量的物种，如鲨、海鳗、带鱼等。

体盘长：吻端至胸鳍后基的距离。此类鱼胸鳍扩大与头相连，构成宽大的体盘，如鳐、红魟类。

体重：鱼体的总重量。

（二）虾类（图3-4）

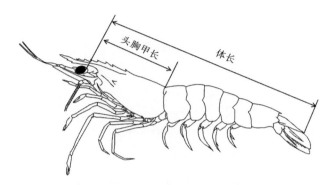

图3-4　虾类基本形态特征测量示意

头胸甲长：眼窝后缘至头胸甲后缘的距离。

体长：眼窝后缘至尾节末端的距离。

体重：虾体总重量。

（三）蟹类（图3-5）

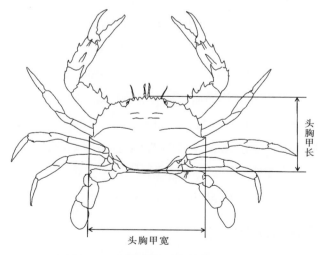

图3-5　蟹类基本形态特征测量示意

头胸甲长：头胸甲的中央刺前端至头胸甲后缘的垂直距离。

头胸甲宽：头胸甲两侧刺之间的距离。

体重：蟹体总重量。

（四）头足类（图 3 - 6）

胴长：胴体背部中线的长度。另外，无针乌贼胴长为胴体前端至后缘凹陷处；有针乌贼胴长为胴体前端至螵蛸后端的长度；柔鱼、枪乌贼的胴长为胴体前端至胴体末端的距离。

头长：自头部的最后端至腕的最后端。

体重：头足类个体总重量。

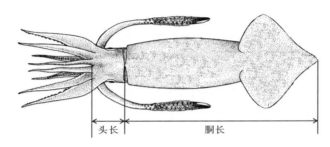

图 3 - 6　头足类基本形态特征测量示意

三、评价指标

（一）渔业资源密度

资源密度指数（density index of resources）系单位水体资源丰度或生物量的相对值，以各站位拖网渔获量（重量、数量）和拖网扫海面积来估算（詹秉义，1995）：

$$D_i = C_i / (A_i \times q)$$

式中　D_i——第 i 站的资源密度（重量：kg/km²；数量：尾/km²）；

C_i——第 i 站的每小时拖网渔获量［重量：kg/（网·h）；数量：尾/（网·h）］；

A_i——第 i 站的网具每小时扫海面积［km²/（网·h）］，其中扫海面积为网口水平扩张宽度（km）×拖曳距离（km），拖曳距离为拖网速度（km/h）和实际拖网时间（h）的乘积；

q——网具捕获率 0.5（张洪亮　等，2013）。

（二）相对重要性指数 *IRI*

优势种（dominant species）是在生物群落中起重要作用的物种，对群落结构和群落环境的形成有明显控制作用，通常个体数量多、生物量高、生活能力较强。优势种与环境和其他种类的关系相当协调，在群落演替的不同阶段会发生变化。如果把群落中的优势种去除，必然导致群落性质和环境的变化。相对重要性指数 IRI 是揭示某种生物在特定群落中所具有重要性的一项指标，通过结合研究对象的个体数、生物量和出现频率等来研究游泳动物优势种的优势度（Pinkas，1971）：

$$IRI = (N\% + W\%) \times F\%$$

式中　$N\%$——某一物种尾数占总尾数的百分比；

　　　$W\%$——该物种重量占总重量的百分比；

　　　$F\%$——某一物种出现的站数占调查总站数的百分比。

一般而言，定义优势种的值并不是固定的，根据所需选取的种类数目，按照在群落中占据总资源量的前几位排名确定，如 IRI 值大于 1 000 时为优势种，50～1 000 为常见种（朱鑫华 等，1996）；或 $IRI > 500$ 为优势种（谭乾开 等，2012）；或 $IRI > 100$ 为优势种（王雪辉 等，2011）。

（三）香农-威纳（Shannon-Wiener）多样性指数

香农-威纳多样性指数（Shannon & Weaver，1949）是用来描述种的个体出现的紊乱和不确定性，不确定性越高，多样性也就越高。它借用信息论中不定性测量方法，就是预测下一个采集的个体属于什么种，从而测量群落的异质性并估算群落多样性的高低。香农-威纳多样性指数包含两个成分：种数和各种间个体分配的均匀性。各种之间，个体分配越均匀，H' 值就越大。如果每一个体都属于不同的种，香农-威纳多样性指数就最大；如果每一个体都属于同一种，则香农-威纳多样性指数就最小：

$$H' = -\sum_{i}^{s} P_i \log_2 P_i$$

式中　H'——多样性指数值；

　　　S——样品中的总种数；

　　　P_i——第 i 种的个体丰度（N_i）与总丰度（N）的比值（N_i/N）。

（四）Pielou 均匀度指数

多样性指数应是反映丰富度和均匀度的综合指标。相同的多样性指数可能为具低丰富度和高均匀度的群落或者具高丰富度与低均匀度的群落。Pielou 均匀度指数（Pielou，1975）是群落中不同物种的多度（如生物量、数量或其他指标）分布的均匀程度，为群落实测多样性（以 Shannon-Wiener 多样性指数为基础）和最大多样性（即在给定物种数的情况下完全均匀群落的多样性）之间的比率，用来描述物种中的个体的相对丰富度或所占比例：

$$J' = H' / \log_2 S$$

式中　J'——均匀度指数值；

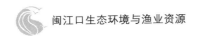

H'——物种多样性指数值；

S——样品中总种数。

J'值范围为 0～1，J'值大时，体现种间个体分布较均匀，群落结构较稳定；反之，J'值小反映种间个体分布则不均匀。

（五）Margalef 种类丰富度指数

Margalef 种类丰富度指数（Whilm，1968）反映群落物种丰富度，它仅考虑群落的物种数量和总个体数，定义为一定大小的一个群落或环境中物种数目的多寡：

$$D = (S-1)/\log_2 N$$

式中　D——丰富度指数值；

S——样品中的总种数；

N——群落中所有物种的总丰度。

（六）生态位重叠指数

两个或两个以上生态位相似的物种生活于同一空间时将分享或竞争共同资源。生态位重叠的两个物种因竞争排斥原理而难以长期共存，除非空间和资源十分丰富。通常资源总是有限额，因此，生态位重叠物种之间竞争总会导致重叠程度降低，如彼此分别占领不同的空间位置和在不同空间部位觅食等。

生态位重叠指数反映了物种间对资源利用的相似程度，在一定程度上也反映了它们之间潜在的竞争程度，采用 Pianka 重叠指数（Pianka，1973）：

$$O_{ik} = \sum_{p=1}^{n}(P_{ij} \times P_{kj})/\sqrt{\sum_{j=1}^{n}P_{ij}{}^2 \sum_{j=1}^{n}P_{kj}{}^2}$$

式中　P_{ij} 和 P_{kj}——种 i 和种 k 的个体数占 j 站位个体数的比例；

n——总站位数；

O_{ik}——生态位重叠值，取值范围为 0～1。

（七）潜在渔业资源量

在不会导致渔业资源生产量减少的条件下，可持续获得的最大年渔获量为该海域潜在渔业资源量。用营养动态综合模型计算潜在渔业资源量。设某海域鱼类平均营养级估算为 n，海域平均初级生产力为 C，生态转化效率为 ξ，1 g 有机碳折算为浮游植物鲜重 δ，海域面积为 A，d 为天数，则

浮游植物的年生产量 $P = C \times A \times d \times \delta$；

某海域潜在的渔业资源量 $B = P \times \xi^n$。

若可捕系数平均取 0.5，最大可捕量 P 为 $1/2B$（沈国英和施秉章，1990）。

第三节 闽江口渔业群落结构

一、闽江口鱼类区系

闽江口鱼类主要属于印度-西太平洋暖水区系。温度适应上，以暖水种为主，其余是暖温种；在盐度适应上，沿岸种和近海种居多；鱼类种类组成显现出显著的季节变化。按水温适应程度，闽江口水域鱼类划分为：

（1）沿岸暖水种 主要包括龙头鱼、斑鰶、多鳞鱚（*Sillago sihama*）、四线天竺鲷（*Apogon quadrifasciatus*）、皮氏叫姑鱼（*Johnius belangerii*）、鳞鳍叫姑鱼（*Johnius distinctus*）、静鲾（*Leiognathus insidiator*）、横带髭鲷（*Hapalogenys mucronatus*）和六指马鲅等。属于热带和亚热带沿海海域的常见种，这一类群是构成闽江口鱼类群落的主体。

（2）近海暖水种 包括马拉巴裸胸鲹（*Caranxmala baricus*）、鹿斑鲾（*Secutor ruconius*）、金色小沙丁鱼（*Sardinella aurita*）、黄鲫（*Setipinna tenuifilis*）、带鱼（*Trichiurus lepturus*）、棕斑腹刺鲀（*Gastrophysus spadiceus*）、日本魣（*Sphyraena japonica*）、竹筴鱼（*Trachurus japouicus*）、镰鲳（*Pampus echinogaster*）、真鲷（*Pagrus major*）和白姑鱼（*Pennahia argentatus*）。此类群鱼类种数仅次于沿岸暖水种，夏季种类数量显著高于春季。

（3）沿岸暖温种 本类群主要有棘绿鳍鱼（*Chelidonichthys spinosus*）、细条天竺鱼（*Apogonichthys lineatus*）、黑鲷（*Sparus macrocephalus*）、紫斑舌鳎（*Cynoglossus purpureomaculatus*）、短吻三线舌鳎、焦氏舌鳎（*Cynoglossus joyneri*）、宽体舌鳎（*Cynoglossus robustus*）、长蛇鲻（*Saurida elongata*）、长吻红舌鳎（*Cynoglossus lighti*）和鲛（*Liza haematocheila*）。

（4）近海暖温种 有日本鳀（*Engraulis japonicus*）、油魣（*Sphyraena pinguis*）、六带拟鲈（*Parapercis sexfasciatus*）、刺鲳（*Psenopsis anomala*）、铅点东方鲀（*Takifugu alboplumbeus*）和青鳞小沙丁鱼（*Sardinella zunasi*）等。该类群鱼的种类数与沿岸暖温种和暖水种差别不大，闽江口春季的调查中没有捕获，显示出春季闽江口水域不适合近海种栖息。夏季此类种的种数明显增多。

（5）河口暖水种 包括凤鲚、中国花鲈（*Lateolabrax maculatus*）、香鰤（*Callionymus olidus*）、矛尾虾虎鱼（*Chaeturichthys stigmatias*）、棘头梅童鱼（*Collichthys lucidus*）、四指马鲅（*Eleutheronema tetradactylum*）、暗纹东方鲀（*Takifugu obscurus*）、斑尾刺虾虎鱼（*Acanthogobius ommaturus*）和髭缟虾虎鱼（*Tridentiger barbatus*）。大多数是河海洄游性鱼类，也具有重要经济价值。

（6）外海种 包括尖头斜齿鲨（*Scoliodon laticaudus*）、黑尾小沙丁鱼（*Sardinella melanura*）、日本鲭（*Pneumatophorus japonicus*）等，均为偶见种。

二、闽江口渔业资源结构

（一）2006 年

全年共捕获物种 192 种，其中以鱼类为主，占 67%；其次是甲壳类，占 27%；头足类占 6%（表 3-1）。

表 3-1 2006 年闽江口渔业资源种类组成

类群	分类阶元			
	目	科	属	种
头足类	4	5	8	11
甲壳类	1	15	24	52
鱼类	15	51	93	129

根据 2006 年年底拖网海上调查结果，闽江口底层生物群落以鱼类为主，全年所占重量比例达 85.12%，其中夏季（79.66%）最低，秋季（85.19%）逐渐增大至春季（92.14%）；头足类全年所占重量比例为 3.01%，在夏季达最高，为 4.79%，冬季最低，为 0.91%；蟹类所占全年重量比例为 7.67%，在夏季和秋季最高，分别为 9.20% 和 9.23%，冬季较为适中，为 6.70%，春季最低，为 2.32%；虾类占全年重量比例为 4.20%，夏季与秋季达到最高与最低值，比例分别为 6.35% 和 2.64%（图 3-7）。

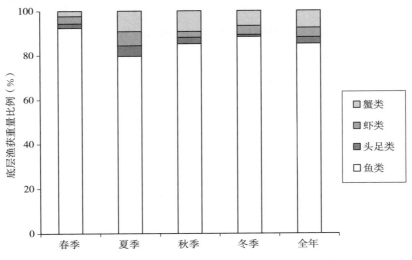

图 3-7 2006 年闽江口底层拖网渔获重量组成及季节变化

以尾数比例计算，闽江口底层生物群落也是以鱼类占绝大多数，全年所占比例为71.74％，分别于春季和夏季出现最高与最低值，分别为89.17％、53.24％；头足类，全年所占尾数比例为3.18％，在夏季达最高，为4.75％，冬季最低，为0.58％；蟹类占全年尾数比例为12.20％，冬季和春季分别达到最高与最低值，比例分别为21.17％、3.24％；虾类占全年尾数比例为12.88％，夏季最高，为24.68％，春季和秋季较低，为6.27％和6.84％（图3-8）。

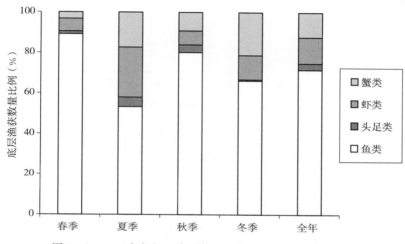

图3-8　2006年闽江口底层拖网渔获数量组成及季节变化

（二）2015年

全年共捕获物种203种，以鱼类为主，占67％；其次是甲壳类，占28％；头足类占5％（表3-2）。

表3-2　2015年闽江口渔业资源种类组成

类群	分类阶元			
	目	科	属	种
头足类	3	4	7	10
甲壳类	2	19	34	57
鱼类	17	51	99	136

根据2015年底拖网海上调查结果，闽江口底层生物群落以鱼类为主，全年所占重量比例57.54％，其中春季（54.81％）最低，夏季（56.86％）逐渐增大至冬季（63.35％）；其次为蟹类，全年所占重量比例为21.02％，在春季达最高，为25.55％，冬季最低，为13.41％；虾类所占全年重量比例为11.10％，冬季最高，为18.17％，秋季最低，为7.55％；头足类占全年重量比例为10.34％，秋季最高，为15.89％，春季和冬

季较低，分别为 3.73% 和 5.06%。（图 3 - 9）。

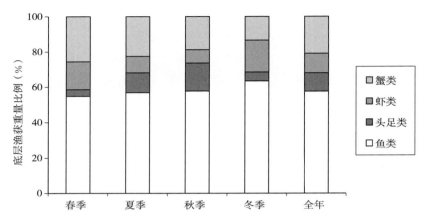

图 3 - 9 2015 年闽江口底层拖网渔获重量组成及季节变化

以尾数比例计算，闽江口底层生物群落也是以鱼类为主，全年所占比例为 65.26%，于夏季和冬季分别达到最高与最低值，比例为 68.90%、49.41%；其次为头足类，全年所占尾数比例为 18.82%，在秋季达最高，为 19.71%，春季、夏季和冬季均较低，分别为 1.46%、5.20% 和 1.65%；虾类所占全年尾数比例为 9.28%，冬季最高，为 33.28%，秋季最低，为 12.32%；蟹类占全年尾数比例为 6.63%，冬季和春季较高，分别为 15.66% 和 14.78%，夏季和秋季较低，分别为 7.64% 和 6.41%（图 3 - 10）。

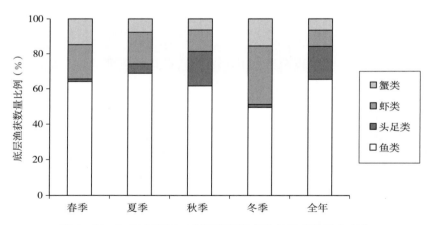

图 3 - 10 2015 年闽江口底层拖网渔获数量组成及季节变化

三、闽江口鱼类物种组成

（一）2006 年

全年共捕获底层鱼类 129 种，隶属于 15 目 51 科 93 属。物种组成在目级水平上，以鲈形目为主，占50%，其次是鲱形目占12%，鲽形目占9%；科级水平上，以石首鱼科为主，占9%，其次是虾虎鱼科占8%，舌鳎科和鲹科各占7%；属级水平上，以舌鳎属为主，占7%，其次是缸属和棱鲹属，各占4%（图3-11）。

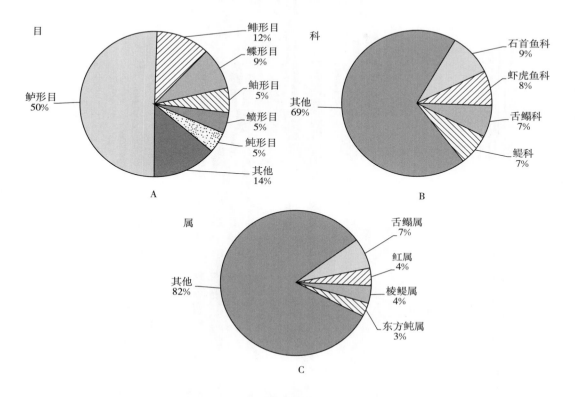

图3-11　2006年闽江口底层拖网渔获鱼类种类分类比例组成
A. 目级水平　B. 科级水平　C. 属级水平

全年鱼类群落组成呈现显著的季节性差异，夏、秋季的鱼类物种数量显著高于春、秋季（图3-12）。

春季渔获物中鱼类共52种，占本季度总渔获物种数的61.90%，隶属2纲（软骨鱼纲、辐鳍鱼纲）8目（鲽形目、鲱形目、鲈形目、鲇形目、鲀形目、仙女鱼目、鲉形目、鲻形目）24科44属。目的等级中，鲈形目种类最多（30种），共占鱼类总种类数的57.69%；科的等级中，以鲈形目的虾虎鱼科（7种）和石首鱼科（7种）、鲱形目的鲹科（7种）为主，共占鱼类总种类数的40.38%（图3-13）。渔获物经济价值较高的种类有二长棘鲷、赤鼻棱鲹、龙头鱼、日本鲭、鹿斑仰口鲾、棘头梅童鱼、花鲦、黄鲫等。

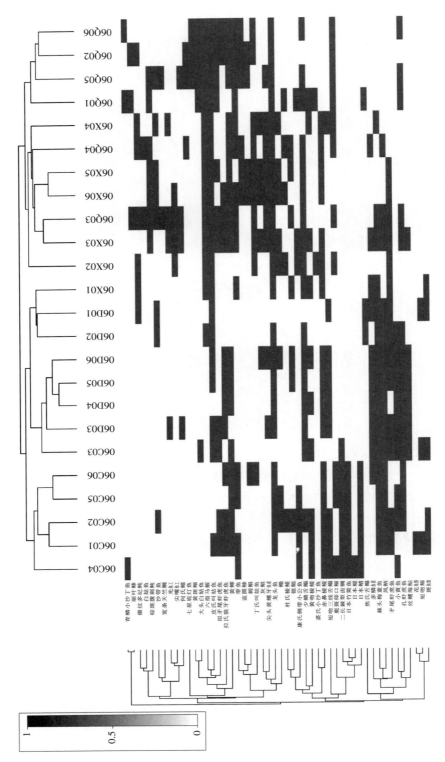

图 3-12　2006 年闽江口底层拖网渔获鱼类种类空间分布图（06，年份；CXQD，季节，春夏秋冬；01，站位）

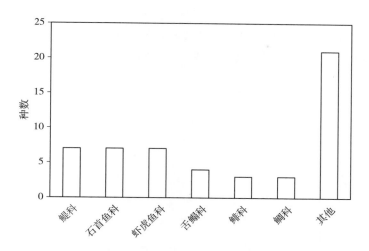

图 3-13　闽江口 2006 年春季渔获物科级水平物种组成

夏季渔获物中鱼类共 79 种，占本季度总渔获物种数的 63.71%，隶属 2 纲（软骨鱼纲、辐鳍鱼纲）14 目（鲼鲡目、灯笼鱼目、电鳐目、鲽形目、鲱形目、鲀形目、鲈形目、鳗鲡目、鲀形目、仙女鱼目、鳒形目、鲉形目、真鲨目、鲻形目）36 科 57 属。目的等级中，鲈形目种类最多（36 种），占鱼类总种类数的 45.57%；科的等级中，以鲈形目的石首鱼科（9 种）、鲽形目的舌鳎科（8 种）和鲱形目的鲼科（8 种）种类数较多，共占鱼类总种类数的 31.65%（图 3-14）。渔获物经济价值较高的种类有黄鲫、六指马鲅、皮氏叫姑鱼、鹿斑仰口鲾、带鱼、龙头鱼等。

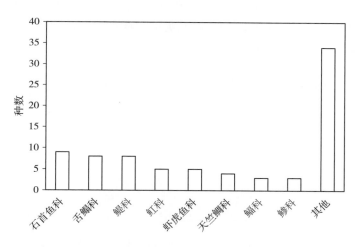

图 3-14　闽江口 2006 年夏季渔获物科级水平物种组成

秋季渔获物中鱼类共 70 种，占本季度总渔获物种数的 63.36%，隶属 2 纲（软骨鱼纲、辐鳍鱼纲）12 目（鲽形目、鲱形目、鲀形目、鲈形目、鳗鲡目、鲇形目、鲀形目、仙女鱼目、鳒形目、鲉形目、真鲨目、鲻形目）35 科 54 属。目的等级中，鲈形目种类最多（27种），占鱼类总种类数的 38.57％；科的等级中，以鲈形目的石首鱼科（6种）和鲱形目的鳀科（6种）为主，共占鱼类总种类数的 17.14％（图 3-15）。渔获物经济价值较高的种类有龙头鱼、赤鼻棱鳀、六指马鲅、丁氏叫姑鱼、灰鲳等。

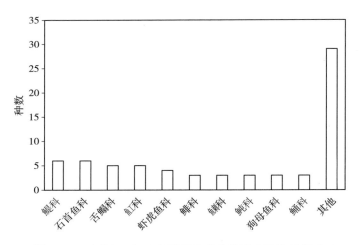

图 3-15 闽江口 2006 年秋季渔获物科级水平物种组成

冬季渔获物中鱼类共49种，占本季度总渔获物种数的 55.68％。这些鱼类隶属 2 纲（软骨鱼纲、辐鳍鱼纲）11 目（电鳐目、鲽形目、鲱形目、鲻形目、鲈形目、鳗鲡目、鲇形目、鲀形目、仙女鱼目、鳚形目、鲉形目）24 科 38 属。目的等级中，鲈形目种类最多（24 种），占鱼类总种类数的 48.98％。科的等级中，以鲈形目的虾虎鱼科（8 种）、石首鱼科（6 种）和鲽形目的舌鳎科（6 种）种类数较多，共占鱼类总种类数的 40.82％（图 3-16）。渔获物经济价值较高的种类有龙头鱼、棘头梅童鱼、凤鲚、丝鳍海鲇、孔虾虎鱼、赤鼻棱鳀等。

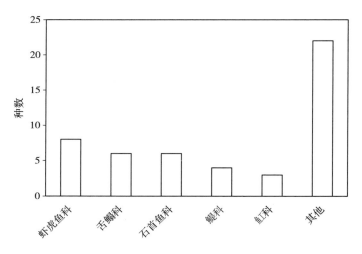

图 3-16 闽江口 2006 年冬季渔获物科级水平物种组成

（二）2015 年

全年底层渔获物中鱼类 136 种，隶属于 17 目 51 科 99 属。物种组成在目级水平上，以鲈形目为主，占 45％，其次是鲽形目占 10％，鲉形目占 9％；科级水平上，以石首鱼科和虾虎鱼科为主，各占 8％，其次是鳀科和鲀科，各占 7％；属级水平上，以舌鳎属和东方鲀属为主，各占 4％，其次是鲳属、魟属和棱鲮属，各占 3％（图 3-17）。

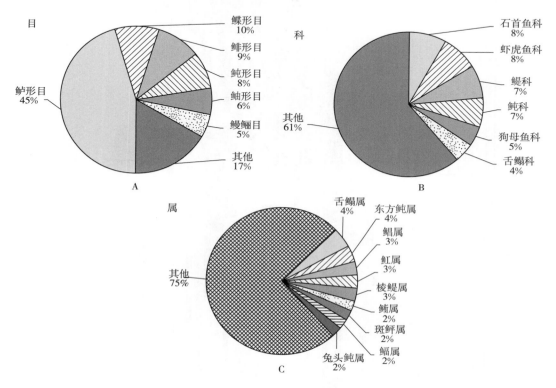

图 3-17　2015 年闽江口底层拖网渔获鱼类种类分类比例组成

A. 目级水平　B. 科级水平　C. 属级水平

全年鱼类群落组成呈现显著的季节性差异，春、夏季的鱼类物种数量显著高于秋、冬季（图 3-18）。

春季渔获物中鱼类共 68 种，占本季度总渔获物种数的 65.38％。这些鱼隶属 2 纲（软骨鱼纲、辐鳍鱼纲）12 目（灯笼鱼目、鲽形目、鲉形目、鲼形目、鲈形目、鳗鲡目、鲇形目、鲀形目、仙女鱼目、鳐形目、鲉形目、鲻形目）30 科 54 属。目的等级中，鲈形目种类最多（28 种），共占鱼类总种类数的 41.17％；科的等级中，以鲉形目的鳀（9 种）、鲈形目的石首鱼科（9 种）和虾虎鱼科（7 种）种类数较多，共占鱼类总种类数的 36.76％（图 3-19）。渔获物经济价值较高的种类有日本竹筴鱼、鹿斑仰口鲾、短吻三线舌鳎、六丝钝尾虾虎鱼、银鲳、棘头梅童鱼、棘绿鳍鱼、二长棘犁齿鲷、凤鲚等。

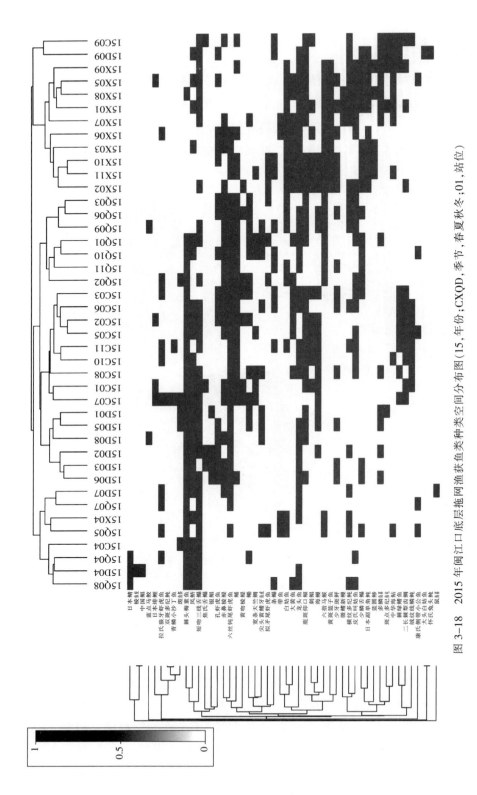

图 3-18 2015 年闽江口口底层拖网渔获鱼类种类空间分布图(15, 年份;CXQD,季节;春夏秋冬;01,站位)

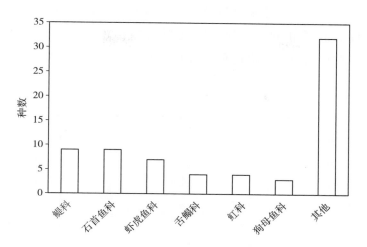

图 3-19 闽江口 2015 年春季渔获物科级水平物种组成

夏季渔获物中鱼类共 79 种，占本季度总渔获物种数的 65.83%，隶属 2 纲（软骨鱼纲、辐鳍鱼纲）16 目（鲼鲸目、刺鱼目、灯笼鱼目、鲽形目、鲱形目、鲭形目、海龙目、鲈形目、鳗鲡目、鼠鱚目、鲀形目、仙女鱼目、鳎形目、鲉形目、真鲨目、鲻形目）42 科 64 属。目的等级中，鲈形目种类最多（35 种），占鱼类总种类数的 44.30%；科的等级中，以鲱形目的鳀科（6 种）、鲈形目的石首鱼科（6 种）和鲀科（5 种）种类数较多，共占鱼类总种类数的 21.52%（图 3-20）。渔获物经济价值较高的种类有六指马鲅、白姑鱼、龙头鱼、日本鲱鲤、鹿斑仰口鲾、棕斑腹刺鲀等。

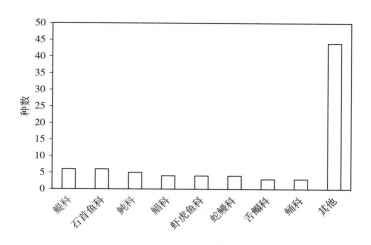

图 3-20 闽江口 2015 年夏季渔获物科级水平物种组成

秋季渔获物中鱼类共 51 种，占本季度总渔获物种数的 63.75%，隶属 2 纲（软骨鱼纲、辐鳍鱼纲）12 目（灯笼鱼目、鲽形目、鲱形目、鲭形目、鲈形目、鳗鲡目、鲇形目、鲀形目、仙女鱼目、鳎形目、鲉形目、鲻形目）28 科 45 属。目的等级中，鲈形目种类最多（23 种），占鱼类总种类数的 45.10％；科的等级中，以鲱形目的鳀科（6 种）和鲈形目的石首鱼科（5 种）种类数较多，共占鱼类总种类数的 21.57％（图 3-21）。渔获物经济价值较高的种类有龙头鱼、六指马鲅、六丝钝尾虾虎鱼、棘头梅童鱼、凤鲚等。

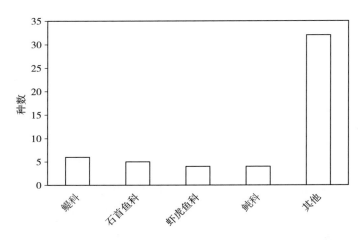

图 3-21　闽江口 2015 年秋季渔获物科级水平物种组成

冬季渔获物中鱼类共 50 种，占本季度总渔获物种数的 61.72％。这些鱼类隶属 2 纲（软骨鱼纲、辐鳍鱼纲）12 目（灯笼鱼目、鲽形目、鲱形目、鲀形目、鲈形目、鳗鲡目、鲇形目、鲀形目、仙女鱼目、鳐形目、鲉形目、鲻形目）26 科 42 属。目的等级中，鲈形目种类最多（21 种），占鱼类总种类数的 42.00％。科的等级中，以鲈形目的虾虎鱼科（7 种）、鲱形目的鳀科（5 种）和鲽形目的舌鳎科（5 种）为主，共占鱼类总种类数的 34.00％（图 3-22）。渔获物经济价值较高的种类有凤鲚、棘头梅童鱼、龙头鱼、短吻三线舌鳎、六丝钝尾虾虎鱼等。

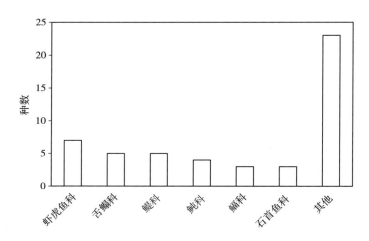

图 3-22　闽江口 2015 年冬季渔获物科级水平物种组成

四、鱼类多样性

2006—2015年10年来，闽江口鱼类物种组成在科、属、种的级别上春、夏、冬季均呈上升趋势，而秋季2015年则显著低于2006年。物种组成变动主要体现在灯笼鱼目、鳗鲡目、鲀形目、鲉形目等物种数目的增加，与此同时，鲱形目、鲈形目物种数则显示轻微下降趋势。鲽形目在科、属级别上呈现增长趋势，而在种的水平上则显著下降（表3-3）。

表3-3　闽江口鱼类物种各阶元季节分布

年份	目	科				属				种			
		春	夏	秋	冬	春	夏	秋	冬	春	夏	秋	冬
2006	鮟鱇目		1				1				1		
2015			1				1				1		
2006	刺鱼目												
2015			1				1				1		
2006	灯笼鱼目		1				1				1		
2015		1	1	1	1	1	1	1	1	1	1	1	1
2006	电鳐目		1				1				1		
2015													
2006	鲽形目	2	3	3	1	2	3	3	1	5	10	7	6
2015		4	3	2	1	4	3	2	1	8	5	3	5
2006	鲱形目	3	2	3	3	9	5	7	5	11	10	10	6
2015		3	3	3	3	8	6	7	5	12	8	8	7
2006	鲻目		1	2	1		1	2	1		5	6	3
2015		1	1	1	1	2	1	1	1	4	2	2	1
2006	海龙目												
2015			1				1				1		
2006	鲈形目	13	15	14	11	27	30	24	22	30	36	27	24
2015		12	18	12	11	27	30	22	20	28	35	23	21
2006	鳗鲡目		3	2	1		4	2	1		4	2	1
2015		2	3	2	2	2	5	2	2	2	6	2	2

（续）

年份	目	科				属				种			
		春	夏	秋	冬	春	夏	秋	冬	春	夏	秋	冬
2006	鲇形目	1		1	1	1		1	1	1		1	1
2015		1		1	1	1		1	1	1		1	1
2006	鼠鱚目												
2015			1				1				1		
2006	鲀形目	1	2	2	1	1	3	3	1	1	3	4	2
2015		1	2	1	1	1	3	2	3	2	7	4	4
2006	仙女鱼目	1	1	1	1	1	2	2	1	1	2	3	1
2015		1	1	1	1	3	2	1	2	3	2	1	2
2006	鲼目		2	2	1		2	2	1		2	2	1
2015		1	1	1	1	1	1	1	2	1	1	1	2
2006	鲉形目	2	2	3	2	2	2	5	3	2	2	5	3
2015		3	4	3	3	4	6	4	3	4	6	4	3
2006	真鲨目		1	1			1	1			1	1	
2015			1				1				1		
2006	鲻形目	1	1		1	1	1		2	1	1		2
2015		1	1	1	1	1	1	1	2	1	1	1	1
2006	总计	24	36	35	24	44	57	54	38	52	79	70	49
2015		31	43	29	27	55	64	45	42	68	79	51	50

从多样性指数看，2015 年鱼类同样显示明显的季节性变化，夏季依旧是物种种类数最高的季节，为 79 种，与 2006 年持平，但显示出更高的分类多样性。与 2006 年不同的是，秋季鱼类种类数显著降低，几乎与冬季相等；而春季的物种种类数则明显增加。均匀度指数 J′显示，2006 年与 2015 年比较没有差异，说明调查区域栖息地环境的同质性和物种的中性无偏分布。尽管夏季的物种数、香农-威纳多样性指数、均匀度指数在 10 年前后并未出现显著性差异，但 Margalef 值都显著下降，反映调查区域的栖息地破坏程度增加（表 3-4）。

表 3-4　闽江口 2006 年和 2015 年鱼类物种多样性季节变化

年份	季节	数量（个）	种类数	D	H′	J
2006	冬季	3 081	49	5.97	2.40	0.62
2015		2 937	50	6.14	2.40	0.61
2006	春季	5 618	52	5.91	2.76	0.70
2015		6 851	68	7.59	2.97	0.70
2006	夏季	5 475	79	9.06	2.96	0.68
2015		27 577	79	7.63	2.88	0.66
2006	秋季	10 043	70	7.49	2.81	0.66
2015		6 688	51	5.68	2.62	0.67

五、鱼类资源密度

（一）2006 年

全年拖网鱼类渔获物重量 400.78 kg，占当年总捕获量的 85.12％。从鱼类种类的重量组成看，占底拖网总渔获物比例前 3 位的鱼类分别是龙头鱼（16.95％）、黄鲫（6.97％）和赤鼻棱鳀（5.94％）。拖网鱼类渔获物尾数为 24 217 尾，占当年总捕获物尾数的 71.74％。从鱼类种类的尾数组成看，占底拖网总渔获物（尾数）比例前 3 位的鱼类分别是龙头鱼（18.90％）、赤鼻棱鳀（10.58％）和黄鲫（5.72％）。

鱼类资源重量密度为 518 kg/km²，各站位鱼类资源平均重量密度为 512.29 kg/km²（范围 357~752 kg/km²）（图 3-23）；鱼类资源尾数密度为 31 356 尾/km²，各站位鱼类资源平均尾数密度为 32 258 尾/km²（范围 21 371~43 886 尾/km²）（图 3-24）。

春季闽江口渔业资源调查中，拖网鱼类渔获物重量为 68.58 kg，占当季总捕获物的 92.41％。从鱼类种类的重量组成看，占底拖网总渔获物比例前 3 位的鱼类分别是花鰶（22.40％）、鳓（7.33％）和中国花鲈（7.32％）。鱼类资源重量密度为 386 kg/km²，各站位鱼类资源平均重量密度为 409 kg/km²（范围 104~932 kg/km²）（图 3-25）。重量资源密度最高的种为花鰶，为 94 kg/km²；其次为龙头鱼，为 49 kg/km²；还有鳓、中国花鲈、日本鲭、棘头梅童鱼、赤鼻棱鳀、黄鲫、鹿斑仰口鲾、蓝点马鲛、凤鲚和黑棘鲷共 10 种鱼类重量资源密度均超过 10 kg/km²。

拖网鱼类渔获物尾数为 5 618 尾，占当季总捕获物尾数的 89.17％。春季物种个体偏小，数量较多，鱼类资源尾数密度为 31 648 尾/km²，各站位鱼类资源平均尾数密度为 33 276 尾/km²（范围 5 952~90 063 尾/km²）（图 3-26）。二长棘鲷数量资源密度超过 5 000 尾/km²，还有赤鼻棱鳀、花鰶、鹿斑仰口鲾、日本鲭、龙头鱼、江口小公鱼共 6 种鱼类数量资源密度均超过 1 000 尾/km²。

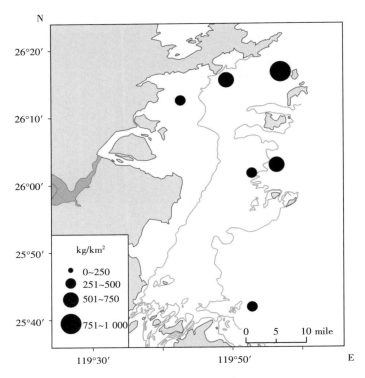

图 3-23　2006 年全年闽江口鱼类资源平均重量密度

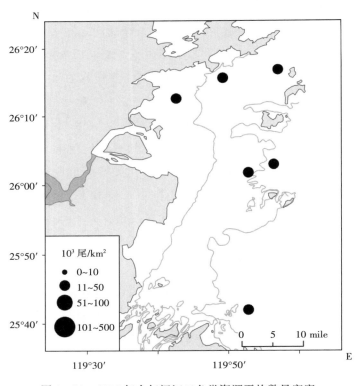

图 3-24　2006 年全年闽江口鱼类资源平均数量密度

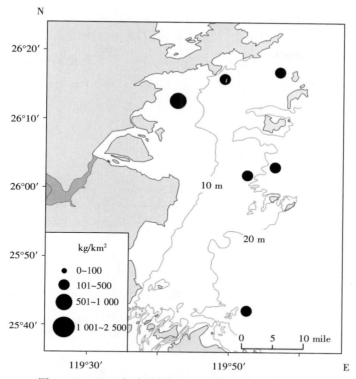

图 3 - 25　2006 年春季闽江口鱼类资源平均重量密度

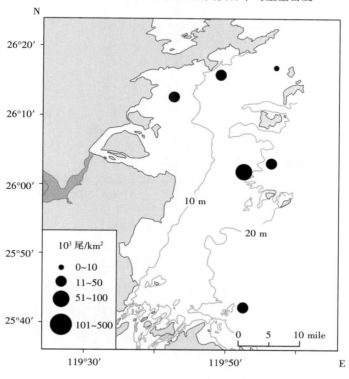

图 3 - 26　2006 年春季闽江口鱼类资源平均数量密度

夏季闽江口渔业资源调查中，拖网鱼类渔获物重量为 121.12 kg，占当季总捕获物的 79.66%。从鱼类种类的重量组成看，占底拖网总渔获物比例前 3 位的鱼类分别是黄鲫（17.78%）、奈氏鱵（8.33%）、带鱼（6.36%）。鱼类资源重量密度为 679 kg/km²，各站位鱼类资源平均重量密度为 722 kg/km²（范围 120～2 065 kg/km²）（图 3 - 27）。黄鲫的重量资源密度超过 100 kg/km²；其次为奈氏鱵，为 57 kg/km²，表现为个体较大。此外，带鱼、六指马鲅、皮氏叫姑鱼、龙头鱼、赤鱵、尖嘴鱵、大头白姑鱼、中国鱵、沙带鱼共 9 种鱼类重量资源密度均超过 10 kg/km²。

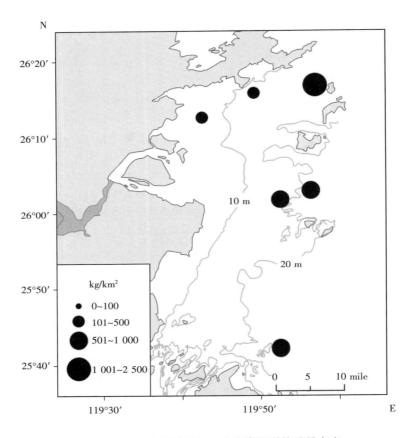

图 3 - 27　2006 年夏季闽江口鱼类资源平均重量密度

拖网鱼类渔获物尾数为 5 475 尾，占当季总捕获物尾数的 53.24%。从鱼类种类的尾数组成看，占底拖网总渔获物（尾数）比例前 3 位的鱼类分别是黄鲫（14.33%）、六指马鲅（9.02%）、皮氏叫姑鱼（6.88%）。鱼类资源尾数密度为 30 698 尾/km²，各站位鱼类资源平均尾数密度为 30 170 尾/km²（范围 9 756～50 396 尾/km²）（图 3 - 28）。黄鲫的数量资源密度超过 5 000 尾/km²；六指马鲅、皮氏叫姑鱼、鹿斑仰口鲾共 3 种鱼类数量资源密度均超过 1 000 尾/km²。

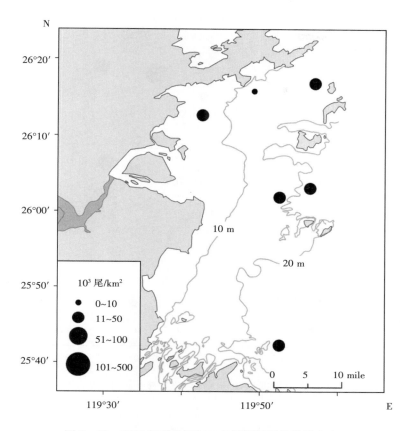

图 3 - 28　2006 年夏季闽江口鱼类资源平均数量密度

秋季闽江口渔业资源调查中，拖网鱼类渔获物重量为 135.23 kg，占当季总捕获物的 85.19%。从鱼类种类的重量组成看，占底拖网总渔获物比例前 2 位的鱼类分别是龙头鱼（23.74%）、赤鼻棱鳀（15.18%）。鱼类资源重量密度为 614 kg/km²，各站位鱼类资源平均重量密度为 628 kg/km²（范围 155～1 200 kg/km²）（图 3 - 29）。重量资源密度最高的种为龙头鱼，为 211 kg/km²；其次为赤鼻棱鳀，为 135 kg/km²；灰鲳、六指马鲅、尖嘴虹、丁氏叫姑鱼、尖头黄鳍牙鳡、光虹、皮氏叫姑鱼、裘氏小沙丁鱼、奈氏虹、黄鲫、短吻三线舌鳎、蓝圆鲹、尖头斜齿鲨、鳓共 14 种鱼类重量资源密度范围在 10～100 kg/km²；其他鱼类重量资源密度均小于 10 kg/km²。

拖网鱼类渔获物尾数为 10 043 尾，占当季总捕获物尾数的 80.20%。从鱼类种类的尾数组成看，占底拖网总渔获物（尾数）比例前 2 位的鱼类分别是龙头鱼（41.53%）、六指马鲅（19.92%）。鱼类资源尾数密度为 45 608 尾/km²，各站位鱼类资源平均尾数密度为 47 336尾/km²（范围 17 599～106 243 尾/km²）（图 3 - 30）。龙头鱼和赤鼻棱鳀资源密度超过 10 000 尾/km²，还有六指马鲅、裘氏小沙丁鱼、灰鲳、丁氏叫姑鱼共 4 种鱼类数量资源密度均超过 1 000 尾/km²。

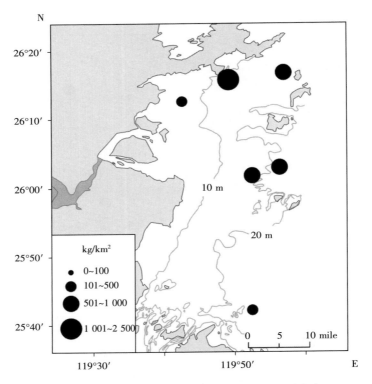

图 3 - 29　2006 年秋季闽江口鱼类资源平均重量密度

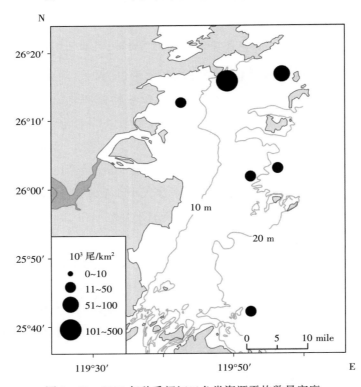

图 3 - 30　2006 年秋季闽江口鱼类资源平均数量密度

冬季闽江口渔业资源调查中，拖网鱼类渔获物重量 75.85 kg，占当季总捕获量的 88.36%。从鱼类种类的重量组成看，占底拖网总渔获物比例前 3 位的鱼类分别是龙头鱼（30.10%）、棘头梅童鱼（14.07%）和丝鳍海鲇（8.64%）。鱼类资源重量密度为 386 kg/km²，各站位鱼类资源平均重量密度为 365 kg/km²（范围 113～576 kg/km²）（图 3-31）。重量资源密度最高的种为龙头鱼，为 132 kg/km²；其次为棘头梅童鱼、丝鳍海鲇、鮸、凤鲚、黄鳍棘鲷、孔虾虎鱼、奈氏鿐；其他鱼类重量资源密度均小于 10 kg/km²。

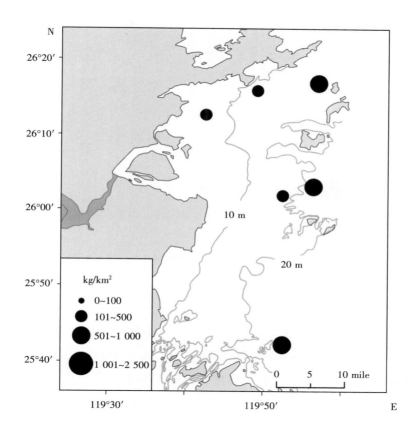

图 3-31　2006 年冬季闽江口鱼类资源平均重量密度

拖网鱼类渔获物尾数为 3 081 尾，占当季总捕获物尾数的 66.27%。冬季闽江口鱼类数量较少，从鱼类种类的尾数组成看，占底拖网总渔获物（尾数）比例前 3 位的鱼类分别是龙头鱼（14.63%）、棘头梅童鱼（10.52%）和凤鲚（10.07%）。鱼类资源尾数密度为 15 698 尾/km²，各站位鱼类资源平均尾数密度为 15 137 尾/km²（范围 8 188～22 980 尾/km²）（图 3-32）。共 6 种鱼类数量资源密度超过 1 000 尾/km²，分别为龙头鱼、棘头梅童鱼、凤鲚、丝鳍海鲇、赤鼻棱鳀和孔虾虎鱼。

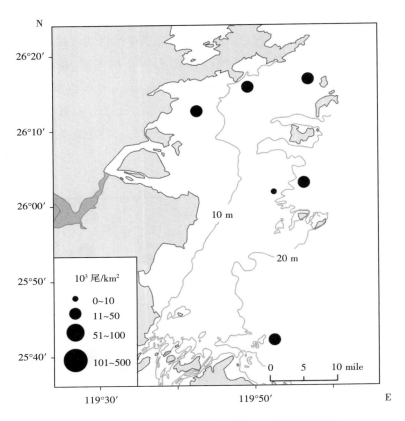

图 3-32　2006 年冬季闽江口鱼类资源平均数量密度

（二）2015 年

全年拖网鱼类渔获物重量 397.77 kg，占当年总捕获量的 57.54%。从鱼类种类的重量组成看，占底拖网总渔获物比例前 3 位的鱼类分别是龙头鱼（10.85%）、六指马鲅（6.49%）和短吻三线舌鳎（3.19%）。拖网鱼类渔获物尾数为 44 052 尾，占当年总捕获物尾数的 65.26%。从鱼类种类的尾数组成看，占底拖网总渔获物（尾数）比例前 3 位的鱼类分别是六指马鲅（22.84%）、白姑鱼（9.24%）和龙头鱼（5.59%）。

鱼类资源重量密度为 475 kg/km²，各站位鱼类资源平均重量密度为 448 kg/km²（范围 210~721 kg/km²）（图 3-33）；鱼类资源尾数密度为 53 913 尾/km²，各站位鱼类资源平均尾数密度为 49 609 尾/km²（范围 14 428~122 481 尾/km²）（图 3-34）。

春季闽江口渔业资源调查中，拖网鱼类渔获物重量为 60.33 kg，占当季总捕获物的 54.81%。从鱼类种类的重量组成看，占底拖网总渔获物比例前 3 位的鱼类分别是奈氏虹（9.10%）、短吻三线舌鳎（7.78%）和日本竹箓鱼（6.28%）。鱼类资源重量密度为 440 kg/km²，各站位鱼类资源平均重量密度为 439 kg/km²（范围 176~980 kg/km²）（图 3-35）。重量资源密度最高的种为奈氏虹，为 73 kg/km²，表现为个体特别大；其次为短

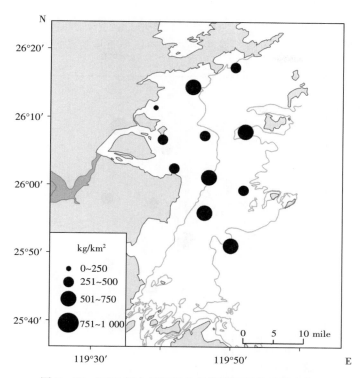

图 3-33 2015 年全年闽江口鱼类资源平均重量密度

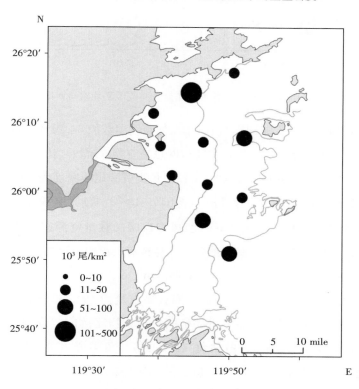

图 3-34 2015 年全年闽江口鱼类资源平均数量密度

吻三线舌鳎，为 63 kg/km²；还有日本竹筴鱼、鹿斑仰口鲾、棘头梅童鱼、六丝钝尾虾虎鱼、凤鲚、棘绿鳍鱼、银鲳、黄鲫、龙头鱼共 9 种鱼类重量资源密度均超过 10 kg/km²。

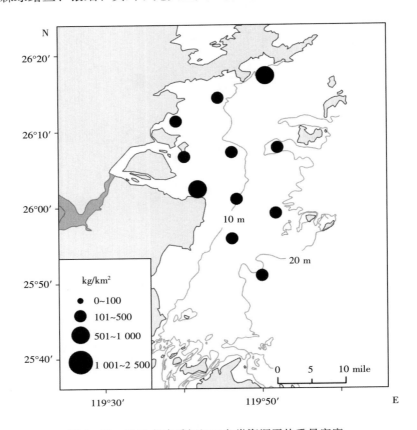

图 3-35　2015 年春季闽江口鱼类资源平均重量密度

拖网鱼类渔获物尾数为 6 851 尾，占当季总捕获物尾数的 64.21%。春季物种个体偏小，数量较多，从鱼类种类的尾数组成看，占底拖网总渔获物（尾数）比例前 2 位的鱼类分别是日本竹筴鱼（24.81%）、鹿斑仰口鲾（9.19%）。鱼类资源尾数密度为 49 965 尾/km²，各站位鱼类资源平均尾数密度为 48 601 尾/km²（范围 7 816～105 548 尾/km²）（图 3-36）。日本竹筴鱼数量资源密度超过 10 000 尾/km²；鹿斑仰口鲾的数量资源密度超过 5 000 尾/km²；六丝钝尾虾虎鱼、二长棘犁齿鲷、棘绿鳍鱼、赤鼻棱鳀、银鲳、短吻三线舌鳎、凤鲚和青带小公鱼共 8 种鱼类数量资源密度均超过 1 000 尾/km²。

夏季闽江口渔业资源调查中，拖网鱼类渔获物重量为 191.54 kg，占当季总捕获物的 56.86%。从鱼类种类的重量组成看，占底拖网总渔获物比例前 3 位的鱼类分别是龙头鱼（10.28%）、六指马鲅（9.17%）、白姑鱼（5.99%）。鱼类资源重量密度为 912 kg/km²，各站位鱼类资源平均重量密度为 821 kg/km²（范围 188～1 957 kg/km²）（图 3-37）。六指马鲅和龙头鱼的重量资源密度超过 100 kg/km²，诸多鱼类如白姑鱼、日本鲱鲤、棕斑腹刺鲀、鹿斑仰口鲾、大黄鱼、沙带鱼、皮氏叫姑鱼、短吻三线舌鳎、刺鲳、横纹多纪鲀、海鳗、黄鲫、长体蛇鲻、蓝圆鲹、短尾大眼鲷、银鲳等共 16 种鱼类重量资源密度均超过 10 kg/km²。

拖网鱼类渔获物尾数为 27 577 尾，占当季总捕获物尾数的 68.90%。夏季鱼类数量明显比春季多，从鱼类种类的尾数组成看，占底拖网总渔获物（尾数）比例前3 位的鱼类分别是六指马鲅（33.69%）、白姑鱼（15.45%）、龙头鱼（2.85%）。底拖网调查的渔获物中，鱼类平均幼体尾数比例为 68.99%；其中，全部个体为幼体的种类有 26 种，占鱼类总种类数的 55.32%，而全部个体为成体的种类有 5 种，占鱼类总种类数的 10.64%。鱼类资源尾数密度为 131 241 尾/km²，各站位鱼类资源平均尾数密度为 114 477 尾/km²（范围 26 320～447 638 尾/km²）（图 3-38）。六指马鲅数量资源密度甚至超过 50 000 尾/km²；白姑鱼数量资源密度超过 20 000 尾/km²；鹿斑仰口鲾、日本鲱鲤和龙头鱼 3 种鱼类数量资源密度范围为 5 000～10 000 尾/km²，还有棕斑腹刺鲀、大黄鱼、短吻三线舌鳎、横纹多纪鲀共 4 种鱼类数量资源密度均超过 1 000尾/km²。

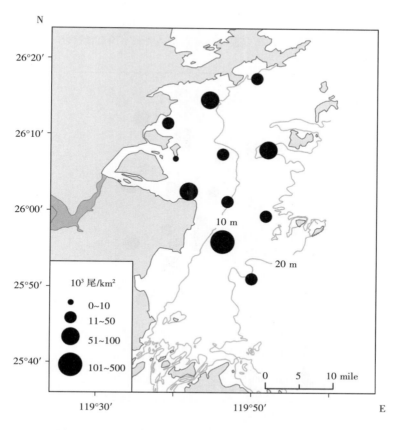

图 3-36　2015 年春季闽江口鱼类资源平均数量密度

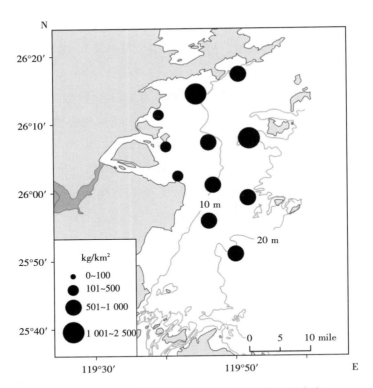

图 3 - 37　2015 年夏季闽江口鱼类资源平均重量密度

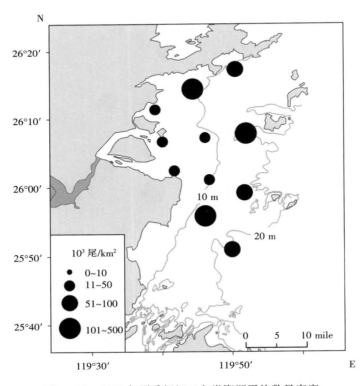

图 3 - 38　2015 年夏季闽江口鱼类资源平均数量密度

　　秋季闽江口渔业资源调查中，拖网鱼类渔获物重量为 91.40 kg，占当季总捕获物的 57.73%。从鱼类种类的重量组成看，占底拖网总渔获物比例前 2 位的鱼类分别是龙头鱼（18.50%）、六指马鲅（8.82%）。鱼类资源重量密度为 334 kg/km²，各站位鱼类资源平均重量密度为 306 kg/km²（范围 27～625 kg/km²）（图 3-39）。重量资源密度最高的种为龙头鱼，为 107 kg/km²；其后为六指马鲅，为 51 kg/km²；另外 5 种鱼类，凤鲚、奈氏虹、中国花鲈、棘头梅童鱼、短吻三线舌鳎的重量资源密度均超过 10 kg/km²。

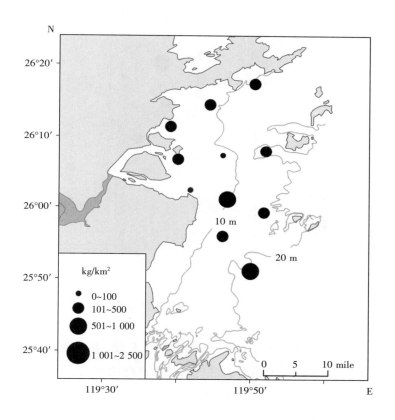

图 3-39　2015 年秋季闽江口鱼类资源平均重量密度

　　拖网鱼类渔获物尾数为 6 688 尾，占当季总捕获物尾数的 61.57%。从鱼类种类的尾数组成看，占底拖网总渔获物（尾数）比例前 2 位的鱼类分别是龙头鱼（21.03%）、六指马鲅（17.76%）。鱼类资源尾数密度为 24 459 尾/km²，各站位鱼类资源平均尾数密度为 23 062尾/km²（范围 26 320～447 638 尾/km²）（图 3-40）。龙头鱼和六指马鲅超过 5 000尾/km²，还有凤鲚、六丝钝尾虾虎鱼和鹿斑仰口鲾共 3 种鱼类数量资源密度均超过1 000 尾/km²。

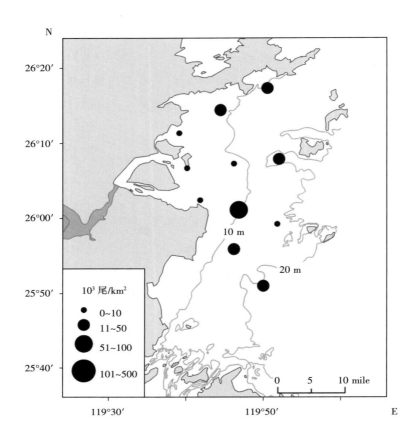

图 3-40　2015 年秋季闽江口鱼类资源平均数量密度

冬季闽江口渔业资源调查中，拖网鱼类渔获物重量 54.51 kg，占当季总捕获量的 63.35%。从鱼类种类的重量组成看，占底拖网总渔获物比例前 3 位的鱼类分别是棘头梅童鱼（14.59%）、凤鲚（11.60%）和龙头鱼（11.18%）。鱼类资源重量密度为 258 kg/km²，各站位鱼类资源平均重量密度为 308 kg/km²（范围 109～633 kg/km²）（图 3-41）。重量资源密度最高的种为棘头梅童鱼，为 59 kg/km²；其次为凤鲚、龙头鱼、短吻三线舌鳎和蓝点马鲛，其他鱼类重量资源密度均小于 10 kg/km²。

拖网鱼类渔获物尾数为 2 937 尾，占当季总捕获物尾数的 49.41%。冬季闽江口鱼类数量较少，从鱼类种类的尾数组成看，占底拖网总渔获物（尾数）比例前 2 位的鱼类分别是凤鲚（21.03%）、棘头梅童鱼（9.15%）。鱼类资源尾数密度为 13 898 尾/km²，各站位鱼类资源平均尾数密度为 15 899 尾/km²（范围 4 695～35 412 尾/km²）（图 3-42）。仅有凤鲚的数量资源密度超过 5 000 尾/km²，此外棘头梅童鱼、龙头鱼和短吻三线舌鳎 3 种鱼类数量资源密度均超过 1 000 尾/km²。

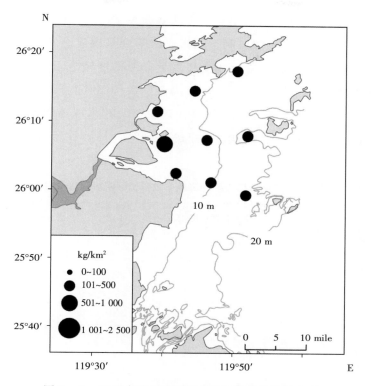

图 3-41　2015 年冬季闽江口鱼类资源平均重量密度

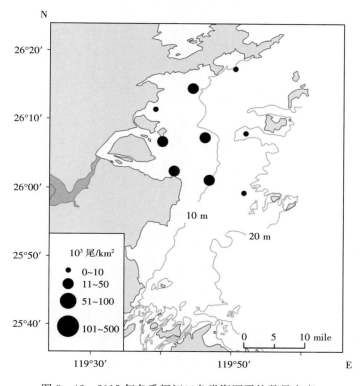

图 3-42　2015 年冬季闽江口鱼类资源平均数量密度

从物种角度上看，赤鼻棱鳀、黄鲫、龙头鱼等资源 10 年来急剧下降；与之相反的是，棘头梅童鱼、凤鲚、鹿斑仰口鲾、六指马鲅等则呈现显著上升趋势。大头白姑鱼仅出现在夏季，但 2015 年数量资源密度和重量资源密度较之于 2006 年都有极大幅度的提高，分别增加 30 倍和 4 倍，同时，大头白姑鱼 10 年间呈现显著个体小型化。此外，10 年来物种组成上也出现了显著的替代现象，尤其体现在软骨鱼类，以及鮸、鳓等资源种类的消失；同时，日本鲱鲤、棕斑腹刺鲀、长体蛇鲻等有了一定的资源量（表 3-5）。

表 3-5　2006 年和 2015 年闽江口主要经济鱼类数量资源密度和重量资源密度的季节变化

种类	年份	数量资源密度（尾/km²）				重量资源密度（kg/km²）			
		冬	春	夏	秋	冬	春	夏	秋
赤鼻棱鳀	2006	1 365	4 546		13 984	5	15		135
	2015		2 409				7		
赤魟	2006			32				32	
	2015								
大头白姑鱼	2006			931				19	
	2015			29 440				96	
带鱼	2006			263				44	
	2015			717				37	
丁氏叫姑鱼	2006			1 088					32
	2015								
短吻三线舌鳎	2006			213					13
	2015	1 305	1 701	1 676	530	30	63	20	10
二长棘鲷	2006		5 960				8		
	2015								
凤鲚	2006	2 385	693			21	11		
	2015	5 910	1 540		1 996	47	18		19
光魟	2006			73					20
	2015								
黑棘鲷	2006		11					11	
	2015								

（续）

种类	年份	数量资源密度（尾/km²）				重量资源密度（kg/km²）			
		冬	春	夏	秋	冬	春	夏	秋
花鲦	2006		4 321				94		
	2015								
中国花鲈	2006		11				31		
	2015				29				19
黄鲫	2006		963	6 694	830		13	123	13
	2015		796	867			14	13	
黄鳍棘鲷	2006	20				16			
	2015								
灰鲳	2006				1 222				41
	2015								
棘头梅童鱼	2006	2 492	721			62	22		
	2015	2 572	949		834	59	26		15
尖头黄鳍牙鰔	2006				297				24
	2015								
尖头斜齿鲨	2006				39				11
	2015								
尖嘴𫚕	2006			68	151			29	33
	2015								
江口小公鱼	2006		1 324				2		
	2015								
孔虾虎鱼	2006	1 075				13			
	2015								
蓝点马鲛	2006		17				12		
	2015	28				19			
蓝圆鲹	2006				213				12
	2015			672				13	
鲥	2006		507		308		31		10
	2015								

（续）

种类	年份	数量资源密度（尾/km²）				重量资源密度（kg/km²）			
		冬	春	夏	秋	冬	春	夏	秋
六指马鲅	2006			4 214	2 192			39	33
	2015			64 213	7 053			147	51
龙头鱼	2006	3 465	2 158	522	29 162	132	49	34	211
	2015	1 319	460	5 447	8 351	45	11	165	107
鹿斑仰口鰏	2006		4 135	3 011			12	7	
	2015		7 162	7 876	1 093		37	50	6
鮻	2006	5				28			
	2015								
奈氏缸	2006	10		27	6	11		57	17
	2015		7		7		73		16
皮氏叫姑鱼	2006			3 215	527			34	20
	2015			383				23	
裘氏小沙丁鱼	2006				1 402				18
	2015								
日本鲭	2006		2 174				27		
	2015								
沙带鱼	2006			109				10	
	2015								
丝鳍海鲇	2006	1 758				38			
	2015								
中国缸	2006			18				15	
	2015								
刺鲳	2006								
	2015			590				20	
大黄鱼	2006								
	2015			1 679				39	
短尾大眼鲷	2006								
	2015			743				12	

（续）

种类	年份	数量资源密度（尾/km²）				重量资源密度（kg/km²）			
		冬	春	夏	秋	冬	春	夏	秋
二长棘犁齿鲷	2006								
	2015		2 601				9		
海鳗	2006								
	2015			248				14	
横纹多纪鲀	2006								
	2015			1 676				18	
棘绿鳍鱼	2006								
	2015		2 469				16		
六丝钝尾虾虎鱼	2006								
	2015		3 269		1 594		18		7
青带小公鱼	2006								
	2015		1 321				1		
日本鲐鲤	2006								
	2015			7 257				72	
银鲳	2006								
	2015		2 212	114			16	11	
长体蛇鲻	2006								
	2015			267				13	
棕斑腹刺鲀	2006								
	2015			2 934				62	

　　在鱼卵和仔鱼数量上，闽江口外海域呈现南部水域多和北部水域较少的分布特征：闽江口以南、长乐附近水域，主要由白姑鱼和中华小公鱼构成；相反，兴化湾底江阴半岛的两侧附近，主要由底层鱼类如半滑舌鳎构成；闽江口外海域仔鱼的密度远远低于鱼卵的密度，其中，白姑鱼和中华小公鱼是9月最重要鱼卵和仔鱼，无论数量还是分布范围的广度都远远大于其他种类。这种现象之所以产生，与闽江口冲淡水走向密切相关。闽

江口河段分为南北两支，北支绕过南台岛北侧，一般河宽 300～600 m，河槽相对窄深，为航运通道。南支绕行南台岛南侧，江面宽阔，达 3 000～4 000 m，河槽宽浅。南支是闽江径流下泄的主要河道。每年 4—9 月是闽江流域的丰水期。这一时期，闽江径流冲出口门后，冲淡水在柯氏力的作用下将向南偏转。闽江口外南部海域，是闽江冲淡水影响的主要海域。那里汇聚来自闽江径流丰富的营养物质，相比北部海域，咸淡水交汇充分的南部水域是鱼类更为理想的产卵场，每年有大量的鱼类来此处繁殖，导致闽江南部水域鱼卵和仔鱼数量大大高于北部水域。此外，洄游性经济鱼类是当地海域的主要鱼卵、仔鱼种类，在闽江口，洄游性的白姑鱼和小公鱼都是当地鱼卵、仔鱼的主要经济鱼种。这一水域营养物质丰富，咸淡水交汇，是鱼类优越的产卵场，因此，闽江口是台湾海峡经济鱼类的主要产卵场之一（徐兆礼，2010a，2010b）。

六、渔业资源种

（一）优势种

近 10 年间，闽江口春季渔获物物种组成显著上升，主要体现在鱼类种类数增加 16 种。闽江口春季鱼类资源重量密度上升 54 kg/km²，增幅为 13.98%。闽江口春季优势物种近 10 年来变动较大，其中，2015 年鱼类 IRI 大于 500 的物种中，只有 3 种和 2006 年相同，分别是二长棘鲷、鹿斑仰口鰏和棘头梅童鱼；而赤鼻棱鳀、龙头鱼、日本鲭、花鲦和黄鲫则为日本竹筴鱼、短吻三线舌鳎、六丝钝尾虾虎鱼、银鲳、棘绿鳍鱼和凤鲚所替代。

夏季鱼类资源重量密度显著增加，增幅为 34.32%。闽江口夏季优势物种近 10 年来变动较大，其中，2015 年鱼类 IRI 大于 500 的物种中，只有 3 种和 2006 年相同，分别是六指马鲅、鹿斑仰口鰏和龙头鱼；而黄鲫、皮氏叫姑鱼和带鱼则为白姑鱼、日本鲱鲤、棕斑兔头鲀所替代。

秋季渔获物物种组成明显下降，主要体现在鱼类种类数减少 19 种。闽江口秋季鱼类资源平均重量密度明显下降，下降幅度为 45.60%。闽江口秋季优势物种近 10 年来变动较大，其中，2015 年鱼类 IRI 大于 500 的物种中，只有 2 种和 2006 年相同，分别是六指马鲅和龙头鱼；而赤鼻棱鳀、丁氏叫姑鱼和灰鲳则为六丝钝尾虾虎鱼、棘头梅童鱼和凤鲚所替代。

冬季鱼类资源明显下降，绝对值达到 128 kg/km²，下降幅度为 33.16%。闽江口冬季优势物种近 10 年来变动较大，其中，2015 年鱼类 IRI 大于 500 的物种中，只有 3 种和 2006 年相同，分别是凤鲚、棘头梅童鱼和龙头鱼；而丝鳍海鲇、孔虾虎鱼和赤鼻棱鳀则为短吻三线舌鳎和六丝钝尾虾虎鱼所替代。

（二）物种生态位

1. 2006 年

春季底拖网调查的渔获物中，鱼类优势种分别为二长棘鲷、赤鼻棱鳀、龙头鱼、日本鲭、鹿斑仰口鲾、棘头梅童鱼、花鰶、黄鲫。春季出现的优势种中，龙头鱼与黄鲫、鹿斑仰口鲾与二长棘鲷、赤鼻棱鳀与日本鲭的生态位重叠度达 0.80 以上，显示出显著的种间竞争效应（表 3－6）。

表 3－6   2006 年闽江口春季鱼类优势种生态位重叠指数

种类	赤鼻棱鳀	二长棘鲷	黄鲫	棘头梅童鱼	龙头鱼	鹿斑仰口鲾	日本鲭
花鰶	0.03	0.36	0.00	0.14	0.01	0.00	0.01
赤鼻棱鳀		0.75	0.21	0.10	0.27	0.61	0.98
二长棘鲷			0.20	0.32	0.16	0.84	0.73
黄鲫				0.05	0.88	0.03	0.06
棘头梅童鱼					0.04	0.00	0.10
龙头鱼						0.04	0.08
鹿斑仰口鲾							0.60

夏季底拖网调查的渔获物中，鱼类优势种分别为黄鲫、六指马鲅、皮氏叫姑鱼、鹿斑仰口鲾、带鱼、龙头鱼。夏季出现的优势种中，龙头鱼与鹿斑仰口鲾、皮氏叫姑鱼与带鱼、皮氏叫姑鱼与六指马鲅的生态位重叠度达 0.80 以上，显示出显著的种间竞争效应（表 3－7）。

表 3－7   2006 年闽江口夏季鱼类优势种生态位重叠指数

种类	黄鲫	六指马鲅	龙头鱼	鹿斑仰口鲾	皮氏叫姑鱼
带鱼	0.41	0.58	0.19	0.42	0.84
黄鲫		0.35	0.38	0.39	0.68
六指马鲅			0.66	0.45	0.80
龙头鱼				0.81	0.34
鹿斑仰口鲾					0.33

秋季底拖网调查的渔获物中，鱼类优势种分别为龙头鱼、赤鼻棱鳀、六指马鲅、丁氏叫姑鱼、灰鲳。出现的优势种中，各物种间生态位重叠度均小于 0.80，显示出种间竞争效应较低（表 3－8）。

表 3-8   2006 年闽江口秋季鱼类优势种生态位重叠指数

种类	丁氏叫姑鱼	灰鲳	六指马鲅	龙头鱼
赤鼻棱鳀	0.08	0.04	0.43	0.09
丁氏叫姑鱼		0.56	0.52	0.62
灰鲳			0.49	0.73
六指马鲅				0.67

冬季底拖网调查的渔获物中，鱼类优势种分别为龙头鱼、棘头梅童鱼、凤鲚、丝鳍海鲇、孔虾虎鱼、赤鼻棱鳀。冬季出现的优势种中，各物种间生态位重叠度均小于 0.80，显示出种间竞争效应较低（表 3-9）。

表 3-9   2006 年闽江口冬季鱼类优势种生态位重叠指数

种类	凤鲚	棘头梅童鱼	孔虾虎鱼	龙头鱼	丝鳍海鲇
赤鼻棱鳀	0.34	0.05	0.10	0.50	0.08
凤鲚		0.77	0.26	0.47	0.10
棘头梅童鱼			0.64	0.32	0.08
孔虾虎鱼				0.53	0.62
龙头鱼					0.36

2. 2015 年

春季底拖网调查的渔获物中，鱼类优势种分别为日本竹筴鱼、鹿斑仰口鰏、短吻三线舌鳎、六丝钝尾虾虎鱼、银鲳、棘头梅童鱼、棘绿鳍鱼、二长棘犁齿鲷和凤鲚。春季出现的优势种中，短吻三线舌鳎、凤鲚和棘头梅童鱼 3 种鱼类之间的生态位重叠度达 0.80 以上，显示三者存在显著的竞争效应。此外，二长棘犁齿鲷与棘绿鳍、六丝钝尾虾虎鱼与银鲳的生态位重叠度也达 0.80 以上，显示出显著的种间竞争效应（表 3-10）。

表 3-10   2015 年闽江口春季鱼类优势种生态位重叠指数

种类	棘绿鳍鱼	短吻三线舌鳎	凤鲚	棘头梅童鱼	六丝钝尾虾虎鱼	鹿斑仰口鰏	日本竹筴鱼	银鲳
二长棘犁齿鲷	0.98	0.16	0.01	0.04	0.12	0.11	0.17	0.07
棘绿鳍鱼		0.15	0.03	0.03	0.07	0.08	0.07	0.03
短吻三线舌鳎			0.87	0.91	0.06	0.20	0.12	0.04
凤鲚				0.93	0.03	0.14	0.03	0.07

（续）

种类	棘绿鳍鱼	短吻三线舌鳎	凤鲚	棘头梅童鱼	六丝钝尾虾虎鱼	鹿斑仰口鲾	日本竹筴鱼	银鲳
棘头梅童鱼					0.27	0.11	0.17	0.24
六线钝尾虾虎鱼						0.29	0.31	0.88
鹿斑仰口鲾							0.28	0.16
日本竹筴鱼								0.09

夏季底拖网调查的渔获物中，鱼类优势种分别为六指马鲅、白姑鱼、龙头鱼、日本鲾鲤、鹿斑仰口鲾、棕斑兔头鲀。夏季出现的优势种中，生态位重叠度均小于0.80，显示出种间竞争效应较低（表3－11）。

表3－11　2015年闽江口夏季鱼类优势种生态位重叠指数

种类	白姑鱼	六指马鲅	龙头鱼	鹿斑仰口鲾	日本鲾鲤
棕斑腹刺鲀	0.06	0.35	0.29	0.19	0.19
白姑鱼		0.51	0.68	0.20	0.05
六指马鲅			0.54	0.60	0.19
龙头鱼				0.14	0.20
鹿斑仰口鲾					0.18

秋季底拖网调查的渔获物中，鱼类优势种分别为龙头鱼、六指马鲅、六丝钝尾虾虎鱼、棘头梅童鱼、凤鲚。出现的优势种中，各物种间生态位重叠度均小于0.80，显示出种间竞争效应较低（表3－12）。

表3－12　2015年闽江口秋季鱼类优势种生态位重叠指数

种类	棘头梅童鱼	六丝钝尾虾虎鱼	六指马鲅	龙头鱼
凤鲚	0.12	0.02	0.00	0.59
棘头梅童鱼		0.05	0.03	0.16
六丝钝尾虾虎鱼			0.28	0.04
六指马鲅				0.02

冬季底拖网调查的渔获物中，鱼类优势种分别为凤鲚、棘头梅童鱼、龙头鱼、短吻三线舌鳎、六丝钝尾虾虎鱼。冬季出现的优势种中，短吻三线舌鳎与棘头梅童鱼的生态

位重叠度达 0.80，显示出显著的种间竞争效应（表 3 - 13）。

表 3 - 13　2015 年闽江口冬季鱼类优势种生态位重叠指数

种类	凤鲚	棘头梅童鱼	六丝钝尾虾虎鱼	龙头鱼	鹿斑仰口鲾
短吻三线舌鳎	0.37	0.80	0.22	0.33	0.03
凤鲚		0.55	0.42	0.35	0.02
棘头梅童鱼			0.38	0.22	0.01
六丝钝尾虾虎鱼				0.56	0.01
龙头鱼					0.24

（三）其他资源种

由于近年来海洋经济动物的衰退，头足类作为高蛋白、生命周期短、生长速度快的资源，而被大力度地开发利用。加之各种高效的鱿钓渔具、渔法的应用发展，杜氏枪乌贼、曼氏无针乌贼、金乌贼和剑尖枪乌贼等传统资源过度开发，亲体和补充量减少，导致原本经济种的资源衰退，较 20 世纪 90 年代头足类的群落结构发生了很大的变化。

1. 2006 年

2006 年调查中，闽江口及附近海域至少有头足类 11 种：柏氏四盘耳乌贼、短蛸、多钩钩腕乌贼、广东蛸、火枪乌贼、曼氏无针乌贼、弯斑蛸、小管枪乌贼、小管蛸、长蛸、真蛸，隶属于 4 目 5 科 8 属。其中，以八腕目种类最多，有 6 种，占总种数的 54.55%；其次是闭眼目和乌贼目，分别有 2 个种类；此外，还有 1 种开眼目种类。闽江口海域头足类以暖水性种类和温水性种类为主，未出现冷水性种类，明显反映出亚热带海区的动物区系特征。按生活类型划分，该海域营游泳生活的头足类有 5 种（多钩钩腕乌贼、火枪乌贼、曼氏无针乌贼、柏氏四盘耳乌贼、小管枪乌贼），占总数的 45.45%；其余的是以营底栖生活的种类（真蛸、短蛸、长蛸、小管蛸、广东蛸、弯斑蛸等），占该海域头足类总数的 54.54%；未发现以营浮游方式生活的种类。

闽江口及其附近海域渔获头足类的年调查数量为 1 073 尾，季节数量和产量均是夏季＞秋季＞春季＞冬季。按季节划分，春季闽江口及其附近海域的头足类有 6 种，优势种只有火枪乌贼 1 种；夏季头足类有 7 种，优势种有 2 种，分别为小管枪乌贼和柏氏四盘耳乌贼；秋季头足类有 7 种，优势种有 3 种，分别为火枪乌贼、小管枪乌贼和弯斑蛸；冬季头足类有 5 种，优势种有 4 种，分别为小管枪乌贼、短蛸、火枪乌贼和弯斑蛸。小管枪乌贼除春季不是优势种外，其他季节均是优势种，春、夏、秋、冬季其生物量依次分别占该海区头足类总渔获量的 0.84%、84.23%、30.35%、11.61%；个体数占头足类总个体数的 4.82%、72.13%、26.11%、22.22%；火枪乌贼除夏季不是优势种外，其他季节均是优势种，春、夏、秋、冬季其生物量依次分别占该海区头足类总渔获量的 36.63%、4.08%、29.88%、10.11%；个体数占头足类总个体数的 89.16%、0.41%、67.37%、25.96%。

2006 年调查中，闽江口及附近海域至少有甲壳类 52 种：哈氏仿对虾、红星梭子蟹、矛形梭子蟹、日本蟳、三疣梭子蟹、双斑蟳、纤手梭子蟹、锈斑蟳、须赤虾、中华管鞭虾、周氏新对虾等，隶属于 1 目 15 科 24 属。其中，以十足目梭子蟹科种类最多，有 17 种，占总种数的 32.69%；其次是十足目对虾科，有 15 种，占总种数的 28.85%。

闽江口及其附近海域渔获甲壳类的年调查数量为 8 465 尾，季节数量和产量均是夏季＞秋季＞冬季＞春季。按季节划分，春季闽江口及其附近海域的甲壳类有 26 种，优势种有周氏新对虾、双斑蟳和哈氏仿对虾共 3 种；夏季甲壳类有 38 种，优势种有 7 种，分别为双斑蟳、中华管鞭虾、哈氏仿对虾、纤手梭子蟹、红星梭子蟹、须赤虾和矛形梭子蟹；秋季甲壳类有 33 种，优势种有 5 种，分别为哈氏仿对虾、三疣梭子蟹、双斑蟳、日本蟳和锈斑蟳；冬季甲壳类有 26 种，优势种有 3 种，分别为周氏新对虾、双斑蟳和哈氏仿对虾。哈氏仿对虾在各个季节均是优势种，春、夏、秋、冬季其生物量依次分别占该海区头足类总渔获量的 24.93%、15.70%、15.61%、24.78%；个体数占头足类总个体数的 22.87%、17.59%、30.89%、21.35%。双斑蟳在各个季节均是优势种，春、夏、秋、冬季其生物量依次分别占该海区头足类总渔获量的 15.82%、16.17%、2.56%、38.38%；个体数占头足类总个体数的 27.71%、17.61%、32.83%、51.07%。

2. 2015 年

2015 年调查中，闽江口及附近海域至少有头足类 10 种：柏氏四盘耳乌贼、短蛸、广东蛸、火枪乌贼、曼氏无针乌贼、小管枪乌贼、小管蛸、长蛸、真蛸和中国枪乌贼，隶属于 3 目 4 科 7 属。其中以八腕目种类最多，有 5 种，占总种数的 50.00%；其次是闭眼目 3 种，乌贼目 2 种。闽江口海域头足类以暖水性种类和温水性种类为主，未出现冷水性种类，明显反映出亚热带海区的动物区系特征。按生活类型划分，该海域营游泳生活的头足类有 5 种（火枪乌贼、曼氏无针乌贼、柏氏四盘耳乌贼、小管枪乌贼、中国枪乌贼），占总种数的 50.00%；其余 50.00% 为营底栖生活的种类（真蛸、短蛸、长蛸、小管蛸、广东蛸）；未发现以营浮游生活方式生活的种类。

闽江口及其附近海域渔获头足类的年调查数量为 4 477 尾，季节数量是秋季＞夏季＞春季＞冬季，季节重量是夏季＞秋季＞冬季＞春季。按季节划分，春季闽江口及其附近海域的头足类有 9 种，优势种只有火枪乌贼 1 种；夏季头足类有 6 种，优势种有 2 种，分别为火枪乌贼和短蛸；秋季头足类有 5 种，优势种有 2 种，分别为火枪乌贼和短蛸；冬季头足类有 2 种火枪乌贼和真蛸，均是优势种。火枪乌贼在各个季节均是优势种，春、夏、秋、冬季其生物量依次分别占该海区头足类总渔获量的 39.67%、27.40%、35.15%、

13.34％；个体数占头足类总个体数的 77.48％、50.71％、71.70％、46.94％。

2015 年调查中，闽江口及附近海域至少有甲壳类 57 种：哈氏仿对虾、口虾蛄、日本鲟、三疣梭子蟹、双斑鲟、细巧仿对虾、鹰爪虾和周氏新对虾等，隶属于 2 目 19 科 34 属。其中，以十足目对虾科种类最多，有 14 种，占总种数的 24.56％；其次是十足目梭子蟹科，有 11 种，占总种数的 19.30％。

闽江口及其附近海域渔获甲壳类的年调查数量为 18 969 尾，季节数量是夏季＞春季＞冬季＞秋季，季节重量是夏季＞春季＞秋季＞冬季。按季节划分，春季闽江口及其附近海域的甲壳类有 27 种，优势种有口虾蛄、三疣梭子蟹、双斑鲟和日本鲟共 4 种；夏季甲壳类有 35 种，优势种有 4 种，分别为三疣梭子蟹、口虾蛄、鹰爪虾和哈氏仿对虾；秋季甲壳类有 24 种，优势种有 4 种，分别为三疣梭子蟹、口虾蛄、哈氏仿对虾和周氏新对虾；冬季甲壳类有 29 种，优势种有 4 种，分别为口虾蛄、双斑鲟、日本鲟和细巧仿对虾。口虾蛄在各个季节均是优势种，春、夏、秋、冬季其生物量依次分别占该海区甲壳类总渔获量的 28.20％、10.37％、15.26％、47.96％；个体数占甲壳类总个体数的 32.35％、14.17％、21.29％、36.89％。三疣梭子蟹除冬季，其他季节均是优势种，春、夏、秋、冬季其生物量依次分别占该海区甲壳类总渔获量的 32.19％、64.16％、58.68％、11.17％；个体数占甲壳类总个体数的 4.64％、14.46％、25.71％、0.86％。

综合分析，曼氏无针乌贼的渔期在春季，多钩钩腕乌贼的渔期在夏季，长蛸的渔期在秋季，短蛸和真蛸的渔期在冬季，弯斑蛸的渔期在春、秋、冬 3 季，柏氏四盘耳乌贼的渔期在春、夏、秋 3 季，中国枪乌贼和火枪乌贼的渔期在春、夏、秋、冬 4 季。海蜇属大型食用水母类，福建沿海均有分布，闽江口海区是主要分布区，历史上最高年渔获量（加工成品量）曾达 8 503.8t。1975 年以来资源出现明显衰退，年均渔获量比 1974 年以前下降 71.67％，有些年份几乎无渔获。1993 年度调查显示，海蜇的密度和生物量高峰分别出现在 6 月 20 日和 7 月 10 日；群体伞径范围为 18～546 mm，平均 328.8 mm；体重范围为 0.5～9 540 g，平均 2 877.4 g。伞径为 345～485 mm 的雌性有性繁殖力在 1 120.6×10^4～3 754.8×10^4 粒，平均 2 444.7×10^4 粒，有性生殖期在 8 月初至 11 月（卢振彬 等，1999）。

虾蟹类渔业资源中，哈氏仿对虾、周氏新对虾和中国毛虾是闽江口海域最重要的虾类物种。在闽江口海域，不同季节虾类数量的差异十分显著。无论是总重量资源密度，还是总尾数密度，9 月数量约为 4 月的 10 倍左右。4 月单个物种生物量最高值为哈氏仿对虾，除此之外，主要优势种还有中国毛虾、脊尾白虾和周氏新对虾。其中，中国毛虾占总尾数的 50.66％，脊尾白虾占总重量的 27.84％。9 月情况相仿。在空间分布上，4 月虾类的生物量最大的是南部，优势种除了哈氏仿对虾以外，还有一定数量的日本囊对虾，北部主要种类是脊尾白虾。与之相反的是，虾类尾数密度上呈现出北部高于南部的趋势，主要是因为北部出现了大量个体规格较小的中国毛虾所致。9月，南部出现了数量很多的哈氏仿对虾、中国毛虾和刀额仿对虾，使得生物量和尾数密度值较高（徐兆礼和孙岳，2013）。

闽江径流量充沛，且外泄余流在柯氏力的作用下主要为东南流向。丰水期的9月，丰富的闽江径流带来大量的营养物质，主要集中在南部水域，使得虾类资源生物量和尾数密度呈现出南部高于北部的格局。从地形地貌上讲，闽江口海域南部多为浅滩，适合规格较大、底层栖息性的虾类繁殖和生活，如哈氏仿对虾和刀额仿对虾。4月是平水期，受潮水顶托，闽江径流外泄的余流较弱，南部海域是大规模底层性虾类栖息场所，这也是4月南部海域虾类生物量高于北部海域的主要环境原因。同时，由于闽江口北部水域浅滩发育程度较低，适于偏浮游性的中国毛虾生长，导致4月虾类北部尾量密度高于南部尾量密度。可以认为，闽江口南部渔场是当地主要的渔场，9月是主要的渔汛（戴天元，2004；黄良敏 等，2010）。

第四节　闽江口渔业资源与环境的关系

海陆风是因海面和陆地受热不均引起的一种大气次级环流，通过在沿海地区形成的海风锋，触发强对流天气，可引起降水的不均匀分布，对局地天气和气候有着非常重要的影响（Qian，2008；刘铁军 等，2013）。台湾海峡地跨北回归线，是典型的季风区，气候的显著特点是风大、浪高、海雾分布有明显的地域特征，在台风季节里受台风影响显著（郭婷婷 等，2010）。受东亚季风的影响，闽江口海域的风场显示出明显的季节分布特征，秋、冬季为强劲的东北风，夏季为较弱的西南风。东北季风开始于每年的9月，风向排列整齐，风速最大的海域是靠近台湾海峡附近海域，整个海域的平均风速是4～5 m/s；冬季风速继续增大，在大多数的年份都是12月达到年最大值（＞5 m/s），然后强度开始减弱，在翌年的4月消失；西南季风开始于6月，一直持续到7月，整个海域的风速较小（3～4 m/s）；5月和8月是该海域的季风转换期（旷芳芳 等，2015；张伟 等，2015；潘卫华，2017）。

闽江口南北的鱼类种类组成有明显不同，其优势种种类更替率为37.5%。这种现象的出现，主要是由于两个海区受不同水系影响。闽江口以南海域的鱼类受黑潮支流、南海暖流和闽浙沿岸水的影响，温度、盐度分布呈东高西低，鱼类多为地方性种群，不做长距离的洄游（陈新军，2004；孙湘平，2006）；而闽江口以北海域鱼类受闽浙沿岸水、台湾暖流、黑潮和黑潮支流的影响，水温、盐度明显偏高，鱼类大多为区域性种群（陈新军，2004；孙湘平，2006）。等深线30 m以浅和30 m以深海域的常见鱼类种类明显不同，更替率高达 45.3％。这主要是由于福建沿海 30 m 等深线以浅海区主要受闽浙沿岸水影响，盐度（一般小于 31.5，最低为 14.29）和温度（最低温度在 9 ℃以下）都较低；30 m 等深线以外受黑潮、黑潮支流和台湾暖流的影响较大，温度和盐度都比前者要高（中国海洋渔业区划编写组，1984）。

从渔业资源各生态类型渔业资源密度、渔业资源现存量上看，各个季节中鱼类资源量所占比例最大，均超过 2/3，甲壳类次之，头足类最少。秋季渔业资源各大类资源密度均比其他季节大。甲壳类资源量秋季最高，春季最少；头足类资源量秋季最高，冬季最少。夏、秋、冬季的虾类资源密度差异不大，而春季最低；夏、秋季的蟹类资源密度较高，而春、冬季的较低；虾蛄类的资源密度在秋、冬季较高，夏、秋季较低；头足类资源密度在秋季最高，夏季次之，而冬季最低。

闽江口渔业资源密度与海洋表层水温的季节变化见图 3－43（重量）和图 3－44（数

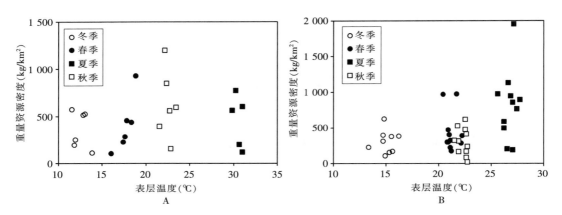

图 3－43　闽江口重量资源密度和表层温度的关系

A. 2006 年　B. 2015 年

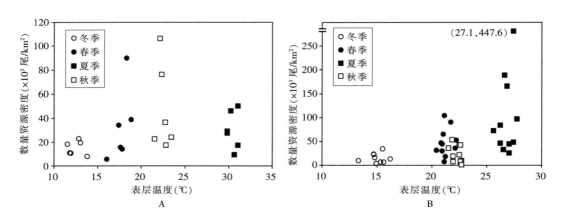

图 3－44　闽江口数量资源密度和表层温度的关系

A. 2006 年　B. 2015 年

量）。由图 3-43、图 3-44 可见，渔业资源密度季节变化与海洋表层水温的季节变化密切，即夏、秋季水温较高，渔业资源密度也较高，其中，秋季资源密度最大；春、冬季水温较低，其资源密度也较低。ANOVA 方差分析结果显示，渔业资源密度在不同季节之间的差异极其显著（$P<0.01$）。Duncan 多重比较结果显示，秋季的资源密度与春季、夏季和冬季之间的差异均达到极其显著水平（$P<0.01$）。值得注意的是，夏季的水温高于秋季，其渔业资源密度却低于秋季。

　　闽江口及其邻近海域的平均水温全年变化较大，最高达到 29.8 ℃，最低为 12.9 ℃。相较于 2006 年，2015 年冬、春季水温显著升高，其上升幅度也远远大于鱼类重量和数量资源密度的上升空间；秋季温度差异不大，但鱼类重量和数量资源密度却均显著下降，表明调查区的鱼类资源处于逐渐破损的过程中；相反，夏季水温降低 2~3 ℃，但资源量却显著上升，这应该归结于 2015 年夏季调查时间紧随禁渔期，鱼类资源经过休整后得到短暂性修复。

　　盐度上，2015 年的调查显示鱼类资源密度随盐度升高而增加，达到 32 时鱼类资源数量密度和重量密度都达到最高值，表明从河口向外海鱼类资源逐渐增加（图 3-45）。

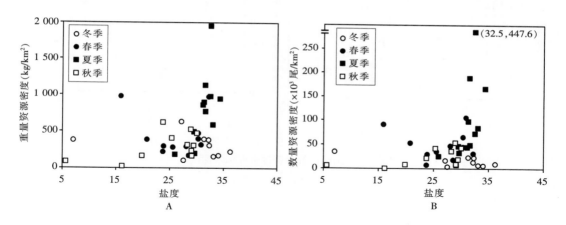

图 3-45　2015 年闽江口资源密度和盐度的关系

A. 重量　B. 数量

　　水深是决定海洋鱼类分布的重要因素。在调查区域 40 m 水深范围之内，鱼类重量资源密度（图 3-46）和数量资源密度（图 3-47）均与水深呈正相关关系；最高值出现在水深 20~25 m 范围内。

　　此外，在闽江口调查区域内，pH 在 7.8~9.0 变动，鱼类资源呈正态分布态势，峰值出现在 pH 8.2 附近。

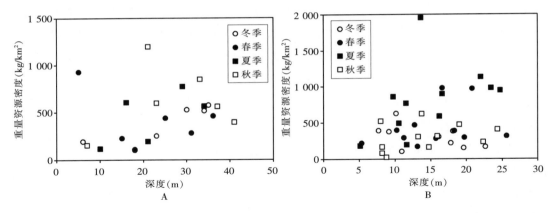

图 3-46　闽江口重量资源密度和水深的关系

A. 2006 年　B. 2015 年

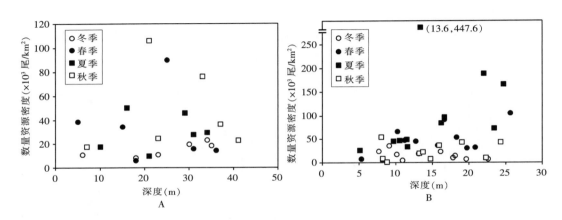

图 3-47　闽江口数量资源密度和水深的关系

A. 2006 年　B. 2015 年

第五节　闽江口渔业资源评价

　　根据 2015 年调查结果，闽江口春季拖网调查发现的游泳动物有 104 种，其中，鱼类 68 种、甲壳类 27 种和头足类 9 种。鱼类的重量百分比组成和尾数百分比组成为最高，甲壳类其次，头足类最少。从生态评价指数来看，多样性指数（H'）平均值较高，为 2.76，表明该海域生态环境较好。均匀度指数（J'）平均值为 0.70，反映了种间个体分布和群落结构稳定性处于中等水平。丰富度指数（D）平均值较高，为 5.91；而重量和尾数单纯度指数（C）平均值较低，分别为 0.186 和 0.229，反映了生态环境较为健康。

　　夏季拖网调查发现的游泳动物有 120 种，鱼类 79 种、甲壳类 35 种和头足类 6 种。鱼类的重量百分比组成和尾数百分比组成为最高，甲壳类其次，头足类最少。从生态评价指数来看，多样性指数（H'）平均值均较高，为 2.96，表明该海域生态环境较好。均匀度指数（J'）平均值为 0.68，反映了种间个体分布和群落结构稳定性处于中等水平。丰富度指数（D）平均值较高，为 9.06；而重量和尾数单纯度指数（C）平均值较低，分别为 0.178 和 0.180，反映了生态环境较为健康。

秋季拖网调查发现的游泳动物有 80 种，鱼类 51 种、甲壳类 24 种和头足类 5 种。鱼类的重量百分比组成和尾数百分比组成为最高，甲壳类其次，头足类最少。从生态评价指数来看，多样性指数（H'）平均值较高，为 2.81，表明该海域生态环境较好。均匀度指数（J'）平均值为 0.66，反映了种间个体分布和群落结构稳定性处于中等水平。丰富度指数（D）平均值较高，为 7.49；而重量和尾数单纯度指数（C）平均值较低，分别为 0.187 和 0.256，反映了生态环境较为健康。

冬季拖网调查发现的游泳动物有 81 种，分为三大类群，鱼类 50 种、甲壳类 29 种和头足类 2 种。鱼类的重量百分比组成和尾数百分比组成为最高，甲壳类其次，头足类最少。从生态评价指数来看，多样性指数（H'）平均值较高，为 2.40，表明该海域生态环境较好。均匀度指数（J'）平均值为 0.62，反映了种间个体分布和群落结构稳定性处于中等水平。丰富度指数（D）平均值较高，为 5.98；而重量和尾数单纯度指数（C）平均值较低，分别为 0.178 和 0.203，反映了生态环境较为健康。综上所述，闽江口全年各项生态评价指数均表明调查海域的游泳动物生物多样性较高、分布较均匀，也说明该海域环境较好、水质适宜多种游泳生物生活。

闽江口及其邻近海域年平均初级生产力 C 参考福建北部沿岸水域和闽中渔场的调查数据，采用 315.84 mg/（m² · d）（陈其焕 等，1996；戴天元 等，2004；）；渔业资源的平均营养级 n 采用 2.582 1，生态效率 ξ 为 15.40%，生物含碳率 δ 为 9.796 5 g（戴天元 等，2004）。

闽江口及其邻近海域浮游植物的年生产量 P 为：

$$P = C \times A \times d \times \delta = 315.84 \times 3\,600 \times 365 \times 9.796\,5 = 4\,065\,682.30\text{t}$$

闽江口及其邻近海域的年渔业资源量 B 为：

$$B = P \times \xi^n = 4\,065\,682.30 \times 0.154\,0^{2.5821} = 32\,451.19\text{t}$$

若可捕系数取 0.5，则闽江口及其邻近海域渔业资源的最大可捕量约为 16 226t。

第四章
闽江口鱼类群落营养结构

河口由于毗邻人口密集区，其鱼类摄食活动及海洋生态系统与功能受到人类活动的强烈影响，尤其在热带海域更为明显。海湾鱼类摄食活动直接受饵料生物分布及海洋捕捞等人类活动影响，鱼类摄食习性、饵料鱼类种类更替、数量变动和群落区系分布，成为渔业生物学家广泛关注的热点（Byrne，1981；McLusky & Elliott，2004；Elliott & Whitfield，2011；Day et al，2013）。早期的鱼类食物网研究主要是应用胃含物分析法，通过直接观察鱼类胃或肠道内未经消化的食物或不能被消化的耳石、鳞片等硬质材料推断其饵料种类与数量，该方法是研究鱼类食性的标准方法，具有简单、直观的优点，但是偶然性较大，不能反映已消化或以前生长阶段的食物组成（Hyslop，1980；Baker et al，2014）。稳定同位素法是根据消费者碳稳定同位素与其食物相应同位素比值相近的原则来判断此生物的食物来源，进而确定食物贡献；并且通过测定各种营养级动物的氮稳定同位素比值估算生物营养级（Wada et al，1991；Schmidt et al，2007；Layman et al，2012）。随着碳氮稳定同位素技术的发展，该技术在鱼类食物来源、营养级定量分析和食物网研究等方面得到了大量的深入应用（Hansson et al，1997；Fry & Ewel，2003；Fry & Davis，2015）。

第一节 材料与方法

取鱼类及其饵料鱼类背部肌肉适量，混合相同长度组肌肉（5～10尾），虾取腹部肌肉，贝类取闭壳肌，所有样品处理完后在人工气候箱（HPG - 400HX）55 ℃下48 h恒温烘干至恒重，最后用石英研钵充分磨匀以备稳定同位素分析。

实验样品碳、氮稳定同位素比值用德国Thermo Finnigan公司的Flash EA1112元素仪与Delta Plus XP稳定同位素质谱仪通过Conflo II相连进行测定。为保证结果准确性，同一样品的碳、氮稳定同位素分别进行测定。每种生物测定3个平行样，为保持实验结果的准确性和仪器的稳定性，每测定5个样品后插测1个标准样，并且对个别样品进行2～3次复测。碳、氮稳定同位素比值精密度为±0.2‰。

稳定同位素质谱仪分析生物样品中$^{15}N/^{14}N$和$^{13}C/^{12}C$的比值，$\delta^{15}N$和$\delta^{13}C$按以下公式计算得出（万祎 等，2005）：

$$\delta^{15}N = \left(\frac{^{15}N/^{14}N_{样品}}{^{15}N/^{14}N_{大气}} - 1 \right) \times 1\,000$$

$$\delta^{13}C = \left(\frac{^{13}C/^{12}C_{样品}}{^{13}C/^{12}C_{箭石}} - 1 \right) \times 1\,000$$

$$TL = \frac{\delta^{15}N_{样品} - \delta^{15}N_0}{^{15}N_c} + 1.0$$

式中　$^{15}N/^{14}N_{大气}$——标准大气氮同位素比值（Mariotti，1983）；

$^{13}C/^{12}C_{箭石}$——国际标准物质箭石（peedee belemnite limestone）的碳同位
素比例（Zanden & Joseph，2001）；

TL——某种鱼类的营养级；

$\delta^{15}N_{样品}$——鱼类样品测量所得的 δ 值；$\delta^{15}N_0$ 营养等级的基线；

$\delta^{15}N_c$——营养等级富集度。

一般采用生态系统中常年存在、食性简单的浮游动物或底栖生物等消费者作为基线
生物。在本研究中作为计算营养级的基线值（baseline），营养等级富集度取 3.4‰（Minagawa & Wada，1984；Post，2002），SOM 的营养级定为 1.0。

第二节　闽江口鱼类碳氮稳定同位素及营养级

一、主要鱼类碳氮稳定同位素

碳氮稳定同位素分析表明，闽江口鱼类的食物来源广泛，营养级跨度较大，全年平
均碳氮稳定同位素范围分别为−27.880‰～−15.267‰，7.138‰～17.613‰（图 4-1）。
从 $\delta^{13}C$ 来看，大部分种类平均碳稳定同位素值主要集中在−24‰～−16‰，说明闽江口
大部分鱼类的食物来源或者摄食习性重叠度较高，尤其是−21‰～−19‰范围内重叠最
密集；从 $\delta^{15}N$ 来看，大部分种类平均氮稳定同位素值主要集中在 8‰～13‰，说明闽江
口大部分鱼类的营养层次较为集中，其中最为密集的范围是 9‰～12‰。

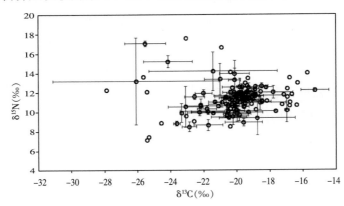

图 4-1　闽江口鱼类全年平均碳氮稳定同位素分布（平均值±标准误）

以 SOM 的碳稳定同位素值为基准值，依据闽江口鱼类样品的全年氮稳定同位素平均
值来计算其在该食物网中的营养位置，可以得出闽江口生态系统水体食物网中鱼类的连
续营养谱图（图 4-2）。闽江口鱼类营养级范围为 2.38～5.46，最低和最高的分别是斜带

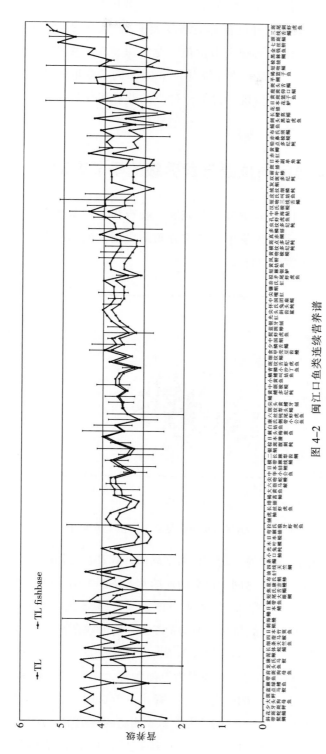

图 4-2　闽江口鱼类连续营养谱

（TL 为本研究估算的年平均营养级；TL fishbase 为 fishbase 的营养级数据）

髭鲷和斑尾刺虾虎鱼，其中78%集中在3～4这个营养级范围内；各种类样品个体的营养级存在一定的跨度，其中有29种的营养级跨度大于1，大于2的有6种，跨度最大的是中国花鲈，为2.95，之后依次为棘头梅童鱼、龙头鱼、赤鼻棱鳀、沙带鱼、短吻鳓。单因素方差分析表明，闽江口鱼类的营养级与Fishbase网站获取对应种类的营养级之间差异性不显著（$P=0.09$），对比发现，大部分种类的营养级比较接近，或者处于变动范围内（图4-2）。

二、鱼类碳氮稳定同位素与营养级的季节变动

闽江口鱼类碳氮稳定同位素季节分布概况，表现为春、冬季分布最广泛，夏、秋季相对较为集中，其中以夏季最为集中，冬季分布最广泛，说明夏季闽江口鱼类的生态位最窄，冬季的生态位最为宽广（图4-3）。

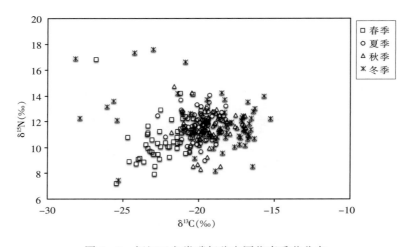

图4-3　闽江口鱼类碳氮稳定同位素季节分布

以闽江口鱼类样品的各季节氮稳定同位素平均值计算其在食物网中的营养位置，可以得出各季节闽江口生态系统水体食物网中鱼类的连续营养谱图。闽江口鱼类各营养级范围春季为2.38～5.21（图4-4）、夏季为2.90～4.40（图4-5）、秋季为2.72～4.62（图4-6）、冬季为2.47～5.46（图4-7），最低和最高平均营养级分别出现在春季和冬季。春季测定的种类57种，其中，营养级小于等于3.00的有10种，营养级为3.01～4.00的有41种，营养级大于4.00的有5种，唯一大于5.00的种类为三线舌鳎，达5.21；夏季整体营养级较春季高，其中，营养级小于等于3.00的仅有1种，营养级为3.01～4.00的有58种，营养级大于4.00的有14种，未发现大于5.00的种类；秋季测定的种类中，营养级小于等于3.00的仅有5种，营养级为3.01～4.00的有39种，营养级大于4.00的有4种，未发现大于5.00的种类；冬季整体营养级高于其他季节，其中，营养级小于等于3.00的有4种，营养级为

3.01～4.00 的有 34 种，营养级大于 4.00 的有 10 种，营养级大于 5.00 的种类有 4 种，分别为七丝鲚、颈斑鲾、三线舌鳎和斑尾刺虾虎鱼。

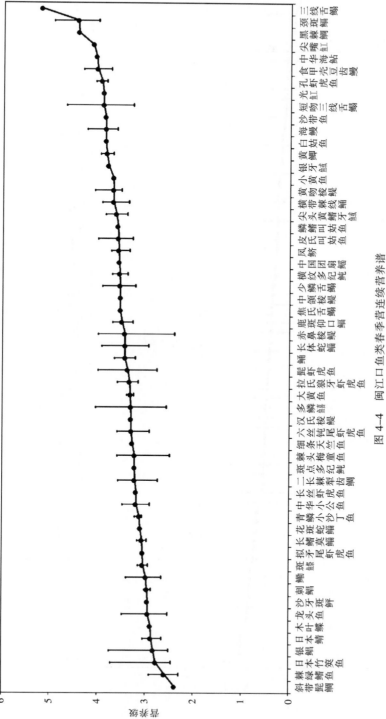

图 4-4　闽江口鱼类春季连续营养谱

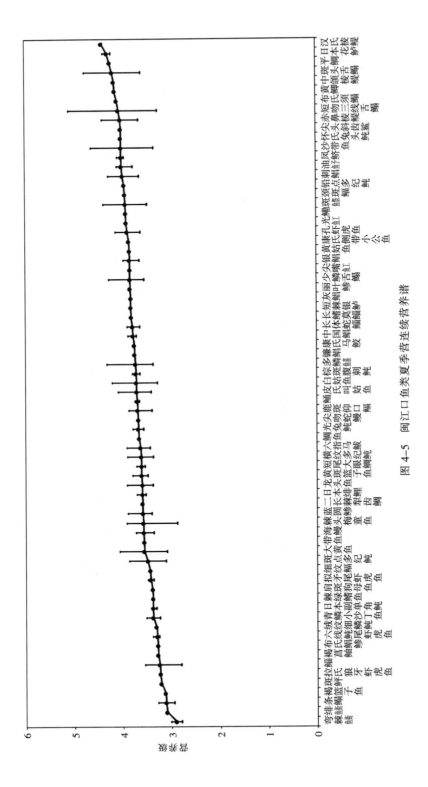

图 4-5 闽江口鱼类夏季营连续营养谱

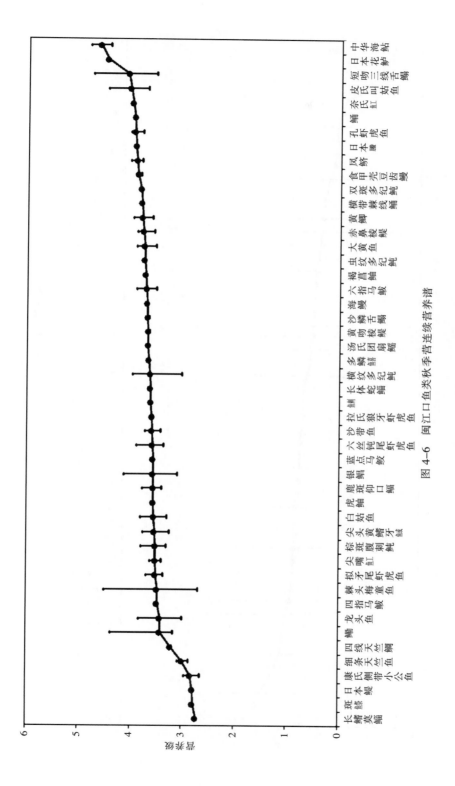

图 4-6 闽江口鱼类秋季营连续营养谱

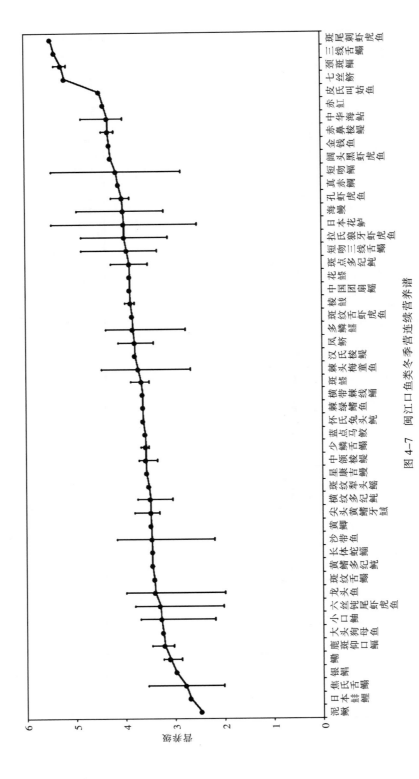

图4-7 闽江口鱼类冬季连续营养谱

　　本次周年渔业资源调查，用于同位素分析的鱼类种类基本涵盖了闽江口周年出现的鱼类种类，结果可以反映闽江口鱼类食物网的基本情况。研究发现，闽江口鱼类碳氮稳定同位素值范围存在较大差异，其跨度分别为 12.614‰ 和 10.475‰，明显大于东海其他海域。如廖建基等（2015）研究发现，九龙江口 71 种鱼类的 $\delta^{15}N$ 值跨度为 7.43‰；纪炜炜等（2011）研究发现，东海中北部鱼类的碳氮稳定同位素跨度为 6‰ 和 6.5‰。究其原因，可能是由于研究海域和调查时间不同，捕食者的基础饵料生物不同；其次鱼类组成也有一定的差异，调查显示闽江口鱼类种类组成比较复杂，多达 100 余种，从而造成了较其他海域大的碳氮稳定同位素值跨度。

　　碳稳定同位素可以反映生物食物来源，闽江口鱼类碳稳定同位素值范围存在较大差异，说明各闽江口鱼类的食源组成较为复杂，摄食特化程度较低。这应该是跟调查区域是河口生态系统有关，河口生态系统是世界上最具生产力的生态系统之一，是大量海洋生物的产卵场和索饵场，同时，生物群组成分复杂，其中鱼类就可以划分为多个群组，如本地种、洄游种、入侵种等（Elliott & McLusky，2002）。$\delta^{13}C$ 跨度大，说明闽江口食物来源丰富，为各种鱼类提供充足的饵料，是天然优良的产卵场和索饵场。

　　闽江口鱼类不仅碳稳定同位素值存在较大差异，氮稳定同位素值的范围也比较大，其跨度为 10.475‰。N 稳定同位素比值一般用于计算生物的营养级（Peterson & Frying，1987；Hannson et al，1997）。不同营养级之间的 $\delta^{15}N$ 营养富集度约为 3.4‰（Post，2002）。闽江口鱼类营养位置存在较大的跨度，也可能是与上述所说的鱼类组成复杂有关，不同组群的鱼类，其对摄食习性存在较大差异，食物来源也有很大不同，对氮稳定同位素的富集度也会有所不同，从而造成闽江口鱼类氮稳定同位素的分布广泛的现象。

　　闽江口鱼类的碳氮稳定同位素跨度大，但其大部分鱼类相对比较集中在某一范围上，这表明尽管闽江口鱼类的食物来源广泛，但大多数种类的食物来源还是比较集中，营养位置也比较集中。一般来说，鱼类的饵料保障程度越高，饵料基础越稳定，摄食的饵料种类就越少；反之，饵料种类则越多（殷名称，1995）。Madurell et al（2008）也指出，在过度开发或食物较为匮乏的生态系统中，广食性策略是保障物种生存和繁衍的法则。

　　闽江口鱼类营养级范围为 2.38～5.46，其中，78% 集中在 3～4 这个营养级范围内，不仅比九龙江口主要鱼类营养级（1.70～3.89）（廖建基 等，2015）的跨度要大，整体上闽江口鱼类的营养级也比九龙江鱼类的营养级高。闽江口鱼类中，2017 年的 Fishbase 中有 120 种有营养级参考数据，比较结果显示，53 种（44%）鱼类的营养级平均值比 Fishbase 平均值低；70 种（58%）鱼类的营养级的结果在 0.5 个营养级的误差范围内。

第三节　闽江口主要经济种营养级与食性

一、龙头鱼

（一）碳、氮稳定同位素与营养级的季节变动

闽江口龙头鱼碳氮同位素范围均较为广泛（图 4 - 8），δ^{13}C 范围为 -24.513‰～-17.871‰，δ^{15}N 的范围则是 5.777‰～12.620‰，两者的平均值及标准差为（-20.126 ± 1.700）‰ 和（10.645 ± 1.471）‰，平均碳氮比和营养级分别为 3.94 ± 0.74 和 3.41 ± 0.43（表 4 - 1）。龙头鱼的 δ^{13}C 与 δ^{15}N 的相关性显著（Pearson，$r=0.419$，$P=0.011$，$n=36$）。

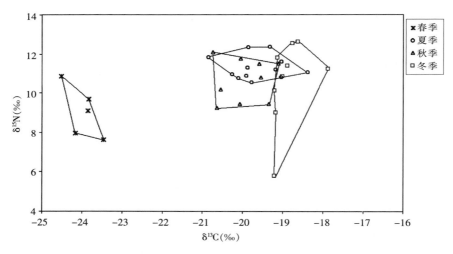

图 4 - 8　闽江口龙头鱼营养生态位的季节变动

表 4 - 1　闽江口龙头鱼 δ^{15}N、δ^{13}C 和营养级的季节变动

季节	δ^{13}C（‰）		δ^{15}N（‰）		C：N	营养级
	范围	平均值±SD	范围	平均值±SD		
春季	-24.513～-23.461	-23.966 ± 0.394	7.624～10.885	9.051 ± 1.324	3.77	2.94
夏季	-20.845～-18.377	-19.652 ± 0.639	10.529～12.362	11.278 ± 0.590	3.60	3.60
秋季	-20.747～-19.112	-19.964 ± 0.597	9.237～12.102	10.665 ± 1.121	4.09	3.42
冬季	-19.207～-17.871	-18.876 ± 0.430	5.777～12.620	10.598 ± 2.137	4.06	3.40

单因素方差分析显示,龙头鱼的 $\delta^{13}C$ 在季节间差异性极显著 ($P<0.01$),$\delta^{15}N$ 季节间差异性显著 ($P<0.05$)。四个季节中,最大、最小平均 $\delta^{13}C$ 出现在冬季、春季,分别为 (-18.876 ± 0.430)‰和 (-23.966 ± 0.394)‰;最大、最小平均 $\delta^{15}N$ 出现在夏季、春季,分别为 (11.278 ± 0.590)‰和 (9.051 ± 1.324)‰。从图 4-8 可以看出,龙头鱼在各季节间的营养生态位的一个变动情况,其中,春季与夏、秋、冬季有明显的分离,夏、秋、冬季相对较为集中,变化不大,说明闽江口龙头鱼春季的营养生态与其余季节有明显的区别,主要是食物来源的不同,或者说春季到夏季之间发生了食性的转变。闽江口龙头鱼的平均碳氮比和营养级的季节性波动范围分别为 3.60~4.09 和 2.94~3.60。其中,春季营养级最低,夏季营养级最高。

闽江口龙头鱼碳氮稳定同位素特性存在明显的季节性变动,平均 $\delta^{15}N$ 和 $\delta^{13}C$ 均是春季最低,夏、秋、冬季变动不大,这与龙头鱼本身的摄食习性的季节性变化有关。据报道,黄海南部水域(张波 等,2009)、长江口外海域(潘绪伟 等,2011)的龙头鱼在不同季节的饵料组成有很大差异,春季主要摄食虾类为主,其余季节以鱼类为主要饵料。由于龙头鱼在春季的摄食习性与其他季节的差异,且虾类的营养级较低,属于低级肉食性生物(李惠玉 等,2016;余景 等,2016),因此,造成了春季龙头鱼碳氮稳定同位素值与其余季节的明显差异。

闽江口龙头鱼营养级的季节变动中,以春季营养级最低,夏、秋、冬季无大的变动,这与龙头鱼本身的繁殖习性有关。春季,龙头鱼性腺开始发育,进入产卵季节(罗海舟 等,2012)。夏季龙头鱼主要以刚出生的幼鱼群体为主,营养级普遍较低。龙头鱼随着生长发育存在食性转换的特性,体长范围为 50~100 mm 的龙头鱼以摄食虾类为主,250~300 mm 体长组的龙头鱼以摄食鱼类为主。

(二) 碳、氮稳定同位素与营养级的时空分布

闽江口龙头鱼在调查季节中均有出现,站点分布较为广泛,$\delta^{13}C$ 范围为 -21.252‰~-19.028‰,$\delta^{15}N$ 的范围则是 9.132‰~11.638‰,两者的平均值及标准差为 (-20.024 ± 0.632)‰和 (10.857 ± 0.674)‰。平均碳氮比和营养级范围分别为 3.27~4.85 和 2.97~3.70(表 4-2),在各站点的分布中,有明显的区域差异,以出海口处和北部站点的龙头鱼营养级较高,远离出海口和南部站点的营养级较低(图 4-9)。

表 4-2　闽江口龙头鱼 $\delta^{15}N$、$\delta^{13}C$ 和营养级的站点分布

站点	$\delta^{13}C$ (‰)	$\delta^{15}N$ (‰)	C∶N	营养级
S03	-19.683	11.229	3.73	3.58
S04	-19.498	11.173	4.85	3.57

（续）

站点	δ¹³C （‰）	δ¹⁵N （‰）	C∶N	营养级
S05	−20.675	11.638	4.49	3.70
S07	−19.890	11.372	3.82	3.62
S08	−20.387	9.132	3.27	2.97
S09	−19.361	10.559	3.93	3.39
S10	−19.977	10.748	3.62	3.44
S11	−19.028	11.345	3.88	3.62
S12	−19.844	10.436	3.64	3.35
S13	−21.252	10.950	4.23	3.50
S14	−20.698	10.416	4.06	3.34

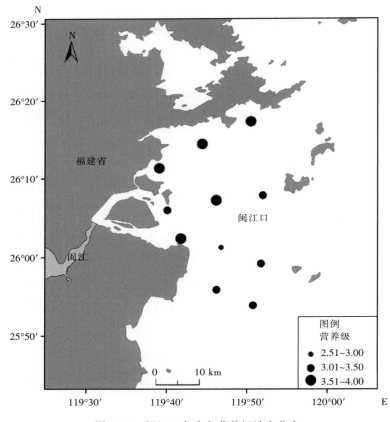

图 4-9　闽江口龙头鱼营养级站点分布

从时空分布上看，春季龙头鱼分布站点少且 δ¹³C 值最低，夏季龙头鱼分布站点最多，

δ^{13}C 值上升且均匀分布,秋季龙头鱼北部分布站点减少,δ^{13}C 值无明显变化,冬季龙头鱼在各站点的 δ^{13}C 值继续上升,明显比其他季节的高(图 4 - 10)。闽江口龙头鱼 δ^{15}N 的时空分布情况,其分布规律与 δ^{13}C 略有不同,除了夏季分布站点较多,各站点 δ^{15}N 值比较稳定外,其余季节各站点的 δ^{15}N 出现波动比较大(图 4 - 11)。

闽江口龙头鱼高的 δ^{15}N 和 δ^{13}C 主要分布在正对河口和北部接近陆地的站点,而南边站点的龙头鱼 δ^{13}C 值则相对较小,从营养级的分布来看,也表现出同样的分布规律,正对河口和北部接近陆地的站点的龙头鱼营养级相对较高。

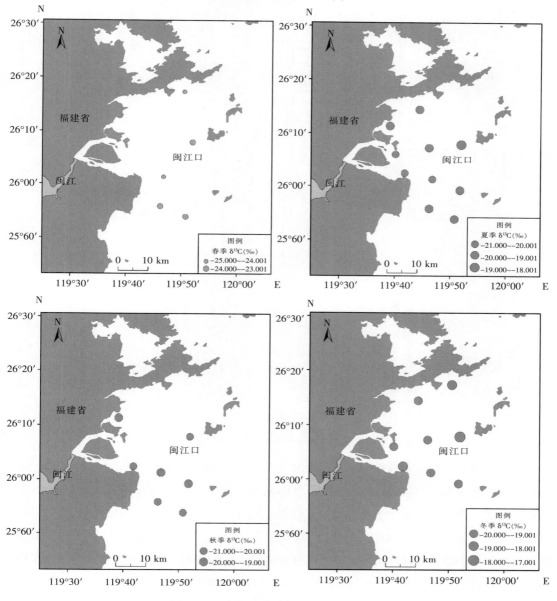

图 4 - 10　闽江口龙头鱼 δ^{13}C 的时空分布

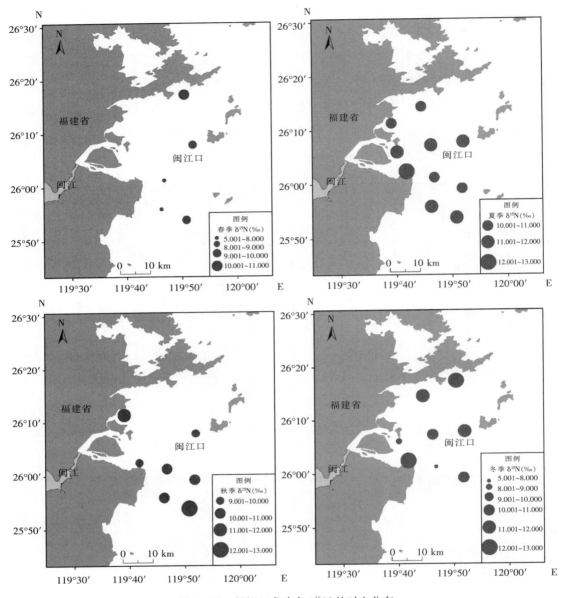

图 4-11　闽江口龙头鱼 $\delta^{15}N$ 的时空分布

研究发现，闽江口龙头鱼平均营养级为 3.34，与九龙江口龙头鱼的营养级（约为 3.5）基本一致（廖建基 等，2015），比长江口外海域龙头鱼的营养级（3.8）（潘绪伟和程家骅，2011）略低，误差均在 0.5 个营养级内，而与东海龙头鱼的数据 2.60（蔡德陵 等，2005）和黄海龙头鱼的数据 4.14（张波和唐启升，2004）相比，则相差较大。从低纬度向高纬度海域，龙头鱼的营养级存在较大的差异，这可能是受不同海域不同的食物来源，对 $\delta^{15}N$ 的富集不同造成；另一方面，也可能是实验方法不同造成的误差，如胃含物分析法（张波和唐启升，2004；廖建基 等，2015）与稳定同位素法（蔡德陵 等，2005）的差异。

二、凤鲚

（一）碳、氮稳定同位素与营养级的季节变动

闽江口凤鲚碳氮同位素范围均较为广泛（图 4 - 12），δ^{13}C 范围为 $-23.972‰ \sim$ $-16.964‰$，δ^{15}N 的范围则是 $10.408‰ \sim 13.085‰$，两者的平均值及标准差为 $(-20.093\pm2.281)‰$ 和 $(11.849\pm0.737)‰$，平均碳氮比和营养级分别为 3.58 ± 0.28 和 3.76 ± 0.22（表 4 - 3）。凤鲚的 δ^{13}C 与 δ^{15}N 的相关性显著（Pearson，$r=0.487$，$P=$ 0.014，$n=25$）。

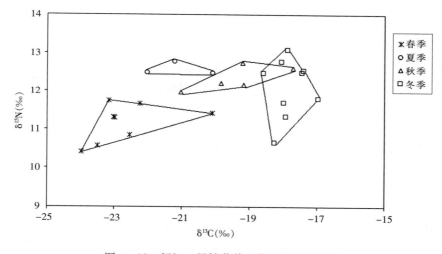

图 4 - 12 闽江口凤鲚营养生态位的季节变动

表 4 - 3 闽江口凤鲚 δ^{15}N、δ^{13}C 和营养级的季节变动

季节	δ^{13}C（‰）		δ^{15}N（‰）		C:N	营养级
	范围	平均值±SD	范围	平均值±SD		
春季	$-23.972\sim-20.102$	-22.583 ± 1.146	$10.408\sim11.742$	11.206 ± 0.483	3.69	3.58
夏季	$-22.021\sim-20.080$	-21.072 ± 0.798	$12.478\sim12.991$	12.683 ± 0.246	3.74	4.01
秋季	$-21.037\sim-17.717$	-19.394 ± 1.204	$11.970\sim12.748$	12.343 ± 0.322	3.35	3.91
冬季	$-18.584\sim-16.964$	-17.830 ± 0.489	$10.652\sim13.085$	11.944 ± 0.722	3.51	3.79

单因素方差分析显示，凤鲚的 $\delta^{15}N$、$\delta^{13}C$ 在季节间表现为差异性均极显著（$P<$ 0.01）。四季中，最大、最小平均 $\delta^{13}C$ 出现在冬季、春季，分别为（$-17.830\pm$ 0.489）‰ 和（-22.583 ± 1.146）‰；最大、最小平均 $\delta^{15}N$ 出现在夏季、春季，分别为（12.683 ± 0.246）‰ 和（11.206 ± 0.483）‰。闽江口凤鲚的平均碳氮比和营养级的季节性波动范围不大，分别为 3.35～3.74 和 3.58～4.01。其中，春季营养级最低，夏季营养级最高。

闽江口凤鲚碳氮稳定同位素特性存在明显的季节性变动，平均 $\delta^{15}N$ 和 $\delta^{13}C$ 均是春季最低，其中，$\delta^{15}N$ 随着季节的变动不大，但 $\delta^{13}C$ 从春季到冬季呈逐渐增长的趋势，这与凤鲚本身的摄食习性的季节性变化有关。在东、黄海海域，凤鲚的食物组成、摄食强度、食物生态位宽度均存在季节变化，春、夏、秋、冬四季摄食的饵料种类依次为 35 种、29 种、10 种、9 种（郭爱 等，2014），春季凤鲚的摄食习性不稳定，食物来源复杂，而春季又是凤鲚繁殖的季节，补充群体对饵料的选择性不强，主要摄食浮游生物，随着体长的食性选择性变强，同时逐渐增加小型鱼类的摄食（郭爱 等，2016），所以，夏、秋、冬季，食性逐渐趋于稳定，从而表现出春季凤鲚 $\delta^{13}C$ 值与其余季节的明显差异。

（二）碳、氮稳定同位素与营养级的时空分布

闽江口凤鲚在调查站点中分布较为广泛，$\delta^{13}C$ 范围为 -20.979‰～-18.254‰，$\delta^{15}N$ 的范围则是 10.756‰～12.177‰，两者的平均值及标准差为（$-19.841\pm$ 0.948）‰ 和（11.748 ± 0.439）‰。平均碳氮比和营养级范围分别为 3.36～4.02 和 3.44～3.86（表 4-4），营养级在各站点的分布中没有明显的区域差异，呈均匀分布状态（图 4-13）。

表 4-4　闽江口凤鲚 $\delta^{15}N$、$\delta^{13}C$ 和营养级的站点分布

站点	$\delta^{13}C$（‰）	$\delta^{15}N$（‰）	C：N	营养级
S03	-20.676	12.098	3.53	3.84
S04	-19.992	10.756	3.48	3.44
S05	-18.254	11.325	3.52	3.61
S07	-20.029	11.986	3.36	3.80
S08	-20.293	11.904	3.43	3.78
S09	-18.584	11.798	3.76	3.75

（续）

站点	$\delta^{13}C$ (‰)	$\delta^{15}N$ (‰)	C : N	营养级
S10	−19.927	12.177	3.38	3.86
S11	−20.769	11.949	4.02	3.79
S12	−20.979	11.476	3.83	3.65
S14	−18.910	12.011	3.44	3.81

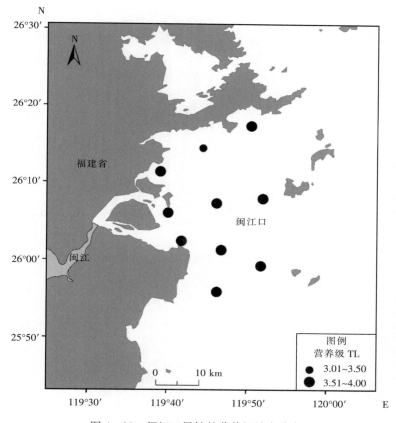

图 4 - 13 闽江口凤鲚的营养级站点分布

从时空分布上看，闽江口春季凤鲚分布站点多，但 $\delta^{13}C$ 值普遍较低；夏季凤鲚分布站点最少，$\delta^{13}C$ 值略有上升；秋季凤鲚分布站点数和 $\delta^{13}C$ 值均有所增加；冬季凤鲚分布站点最多，$\delta^{13}C$ 值明显有所增大，达到最高值（图 4 - 14）。闽江口凤鲚各季节 $\delta^{15}N$ 在各站点的分布情况，其分布规律与 $\delta^{13}C$ 有明显不同，4 个季节的 $\delta^{15}N$ 波动幅度不大，同时在各站点的分布中，$\delta^{15}N$ 的变化范围较小（图 4 - 15）。

δ¹⁵N 在不同季节和不同站点之间变动不大，营养级变动也不大，分布均匀。根据稳定同位素方法计算得到闽江口凤鲚的平均营养级为 3.76，比 Fishbase 提供的参考营养级 3.40 略高，误差范围在 0.5 个营养级内；与中国沿海其他海域凤鲚的营养级相比较，比九龙江口凤鲚的营养级（3.17）（廖健基 等，2015）高 0.59，比长江口及南黄海水域凤鲚的营养级（4.31）低 0.55（李忠义 等，2010），比黄海、东海凤鲚的营养级（2.71）（蔡德陵 等，2005）高 1.05。

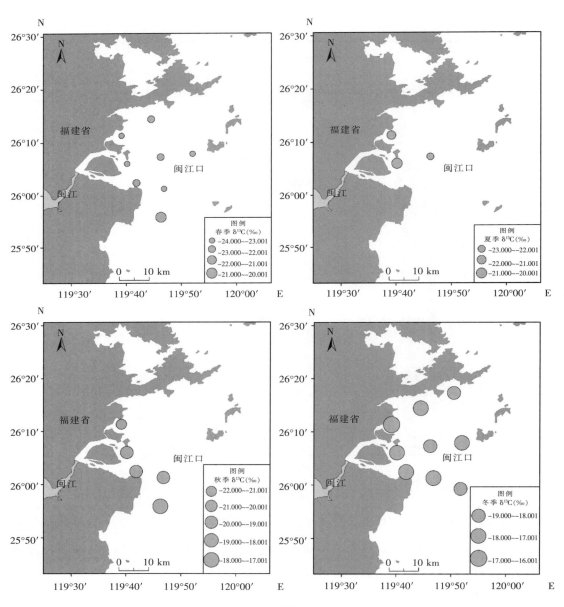

图 4 - 14　闽江口凤鲚 δ¹³C 的时空分布

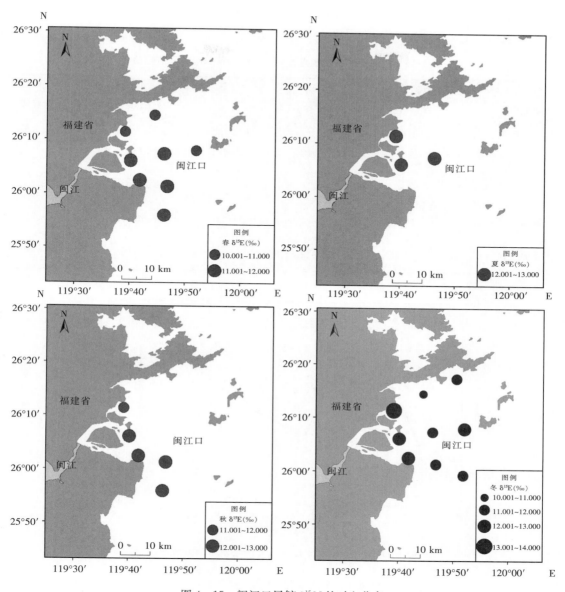

图 4-15　闽江口凤鲚 δ¹⁵N 的时空分布

三、棘头梅童鱼

（一）碳、氮稳定同位素与营养级的季节变动

闽江口棘头梅童鱼碳氮同位素范围均较为广泛（表 4-5），$\delta^{13}C$ 范围为 $-23.789‰$ ～ $-17.162‰$，$\delta^{15}N$ 的范围则是 $7.513‰$ ～ $14.348‰$，两者的平均值及标准差为 $(-20.214\pm1.701)‰$ 和 $(10.708\pm1.452)‰$，平均碳氮比和营养级分别为 3.72 ± 0.38 和

3.43±0.43（图 4-16）。棘头梅童鱼的 δ^{13}C 与 δ^{15}N 的相关性显著（Pearson，$r=0.417$，$P=0.02$，$n=31$）。

表 4-5　闽江口棘头梅童鱼 δ^{15}N、δ^{13}C 和营养级的季节变动

季节	δ^{13}C (‰)		δ^{15}N (‰)		C:N	营养级
	范围	平均值±SD	范围	平均值±SD		
春季	−23.789～−20.691	−20.160±1.018	7.513～11.284	10.032±1.102	3.58	3.23
夏季	−20.878～−19.818	−20.298±0.517	8.822～11.926	10.600±1.601	3.45	3.39
秋季	−21.174～−18.379	−20.049±0.902	8.212～14.348	10.861±1.636	3.81	3.47
冬季	−20.195～−17.162	−18.233±0.952	8.079～13.409	11.394±1.524	3.90	3.63

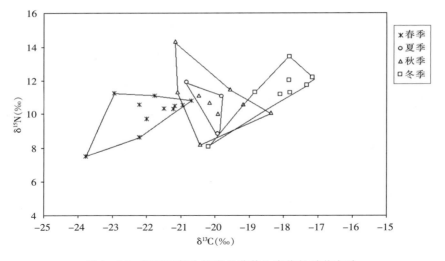

图 4-16　闽江口棘头梅童鱼营养生态位的季节变动

单因素方差分析显示，棘头梅童鱼的 δ^{15}N 在季节间的差异性不显著（$P=0.22$），δ^{13}C 在季节间的差异性极显著（$P<0.01$）。4 个季节中，最大、最小平均 δ^{13}C 出现在冬季、夏季，分别为（−18.233±0.952）‰、（−20.298±0.517）‰；最大、最小平均 δ^{15}N 出现在冬季、春季，分别为（11.394±1.524）‰、（10.032±1.102）‰。闽江口棘头梅童鱼的平均碳氮比和营养级的季节性波动范围不大，分别为 3.45～3.81 和 3.23～3.63。其中，春季营养级最低，冬季营养级最高。

黄良敏等（2010a）发现，闽江口及其附近海域棘头梅童鱼资源密度在春、冬季明显高于夏、秋季，这与本研究中调查结果基本一致。从站点分布就可以看出，闽江口棘头梅童鱼资源不仅在站点分布方面具有明显的季节性变动，棘头梅童鱼碳氮

稳定同位素特性存在明显的季节性变动和站点分布差异。平均 $\delta^{15}N$ 和 $\delta^{13}C$ 均是春、夏季较低，秋、冬季逐渐增加，冬季达到最高值。其中，$\delta^{13}C$ 从夏季到冬季呈逐渐增长的趋势，这与棘头梅童鱼本身的洄游习性和摄食习性的季节性变化有关。以往棘头梅童鱼生物学研究表明，闽江口棘头梅童鱼繁殖期在冬、春季节，因此，春、夏季的棘头梅童鱼基本都是幼鱼（黄良敏 等，2010b）。幼鱼在闽江口进行索饵，得到闽江口丰富的食物来源保障，从而显示出从夏季较低的碳氮稳定同位素向秋季增长的现象。

营养级的季节变化也同样符合上述现象，以春季棘头梅童鱼营养级最低，夏、秋季逐渐增加，冬季的营养级最高。根据稳定同位素方法计算得到闽江口棘头梅童鱼的平均营养级为 3.43，与 Fishbase 提供的参考营养级 3.50 基本一致，误差范围在 0.1 个营养级内；与中国沿海其他海域棘头梅童鱼的营养级相比较，与九龙江口棘头梅童鱼的营养级（3.41）（廖健基 等，2015）基本一致，比黄、东海棘头梅童鱼（1.91）（蔡德陵 等，2005）、黄海棘头梅童鱼（2.50）（韦晟和姜卫民，1992）和渤海棘头梅童鱼（2.7）（邓景耀 等，1986）的营养级高，误差范围大于 0.5。以往的研究中基本上是使用胃含物分析法估算的营养级，造成估算值出现比较大的偏差。

（二）碳、氮稳定同位素与营养级的时空分布

闽江口棘头梅童鱼在调查站点中分布较为广泛，11 个调查站点中出现棘头梅童鱼的有 10 个，棘头梅童鱼在各站点的 $\delta^{13}C$ 范围为 $-21.121‰ \sim -19.408‰$，$\delta^{15}N$ 的范围则是 $8.886‰ \sim 11.881‰$，两者的平均值及标准差为（-20.247 ± 0.649）‰、（10.536 ± 0.924）‰。平均碳氮比和营养级范围分别为 $3.34 \sim 4.19$ 和 $2.89 \sim 3.77$（表 4-6），营养级在各站点的分布中，有明显的区域差异，以正对出海口处的棘头梅童鱼营养级较低，出海口两侧的营养级较高（图 4-17）。

从时空分布上看，春季棘头梅童鱼分布站点最多，但 $\delta^{13}C$ 值最低；夏季棘头梅童鱼分布站点最少，$\delta^{13}C$ 值略有上升；秋季棘头梅童鱼分布站点数和 $\delta^{13}C$ 值均有所增加；冬季棘头梅童鱼分布站点多，$\delta^{13}C$ 值是四季中最高（图 4-18）。闽江口棘头梅童鱼各季节 $\delta^{15}N$ 在各站点的分布情况，其分布规律与 $\delta^{13}C$ 有明显不同，4 个季节的 $\delta^{15}N$ 波动幅度不大，同时在各站点的分布中，$\delta^{15}N$ 的变化也比较小（图 4-19）。

表 4-6　闽江口棘头梅童鱼 $\delta^{15}N$、$\delta^{13}C$ 和营养级的站点分布

站点	$\delta^{13}C$（‰）	$\delta^{15}N$（‰）	C∶N	营养级
S03	-19.771	11.333	3.71	3.61
S04	-19.482	10.980	3.73	3.51

（续）

站点	δ¹³C（‰）	δ¹⁵N（‰）	C∶N	营养级
S05	−19.763	11.040	4.04	3.53
S07	−21.121	10.309	3.59	3.31
S08	−19.408	10.082	3.81	3.24
S09	−20.300	11.881	3.34	3.77
S10	−20.178	10.596	3.67	3.40
S11	−21.098	8.886	4.17	2.89
S12	−20.970	9.270	3.99	3.01
S14	−20.380	10.983	4.19	3.51

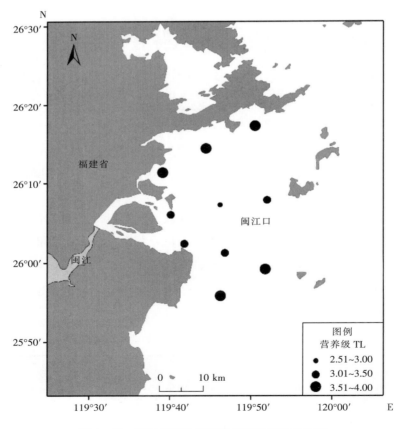

图 4-17　闽江口棘头梅童鱼的营养级站点分布

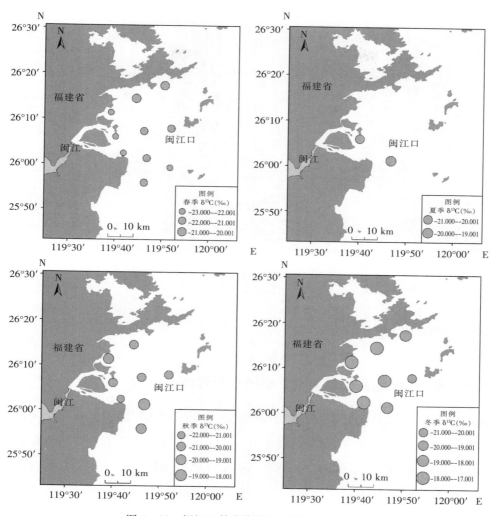

图 4-18　闽江口棘头梅童鱼 $\delta^{13}C$ 的时空分布

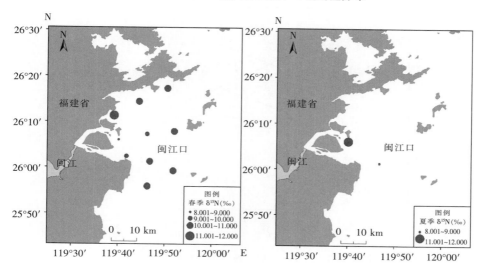

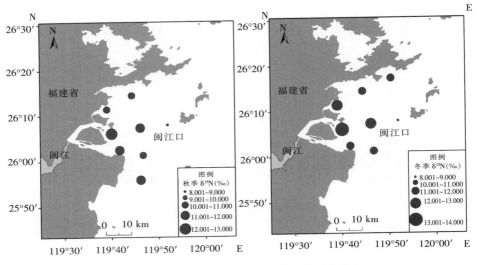

图 4-19　闽江口棘头梅童鱼 $\delta^{15}N$ 的时空分布

四、六指马鲅

（一）碳、氮稳定同位素与营养级的季节变动

闽江口六指马鲅仅出现在夏、秋季，碳氮同位素范围均较为广泛（表 4-7），$\delta^{13}C$ 范围为 $-21.288‰～-17.663‰$，$\delta^{15}N$ 的范围则是 $10.717‰～12.341‰$，两者的平均值及标准差为 $(-19.414\pm0.921)‰$ 和 $(11.503\pm0.441)‰$，平均碳氮比和营养级分别为 3.46 ± 0.29 和 3.66 ± 0.13（图 4-20）。六指马鲅的 $\delta^{13}C$ 与 $\delta^{15}N$ 的相关性不显著（Pearson，$r=0.146$，$P=0.516$，$n=22$）。

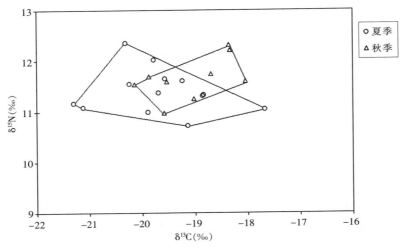

图 4-20　闽江口六指马鲅营养生态位的季节变动

表 4-7　闽江口六指马鲅 δ¹⁵N、δ¹³C 和营养级的季节变动

季节	δ¹³C（‰）		δ¹⁵N（‰）		C：N	营养级
	范围	平均值±SD	范围	平均值±SD		
夏季	−21.288～−17.663	−19.701±0.755	10.717～12.315	11.413±0.428	3.49	3.64
秋季	−20.145～−18.036	−19.063±0.951	10.980～12.341	11.660±0.416	3.34	3.71

单因素方差分析显示，六指马鲅的 $\delta^{13}C$、$\delta^{15}N$ 的季节间差异性均不显著（$P=0.18$、$P=0.06$）。秋季六指马鲅的碳氮稳定同位素平均值比夏季的略高，但两季节间差别不大。闽江口六指马鲅的平均碳氮比和营养级的季节性波动范围不大，分别为 3.34～3.49 和 3.64～3.71。其中，夏季六指马鲅的营养级较秋季的低。

闽江口夏、秋季六指马鲅碳氮稳定同位素保持比较稳定，不管是站点分布还是同位素值大小，季节间变化不大。这可能与六指马鲅的洄游繁殖有关，据相关研究报道，六指马鲅产卵期为 4—10 月（葛国昌，1980）。所以，很明显夏秋季节为六指马鲅的繁殖季节，六指马鲅亲体洄游至闽江口进行产卵繁殖，繁殖结束后，在冬、春季进行越冬洄游到其他海域。闽江口六指马鲅 $\delta^{13}C$ 范围为 −21.288‰～−17.663‰，差值仅为 3.625‰；$\delta^{15}N$ 范围为 10.717‰～12.341‰，差值为 1.624‰；$\delta^{13}C$ 和 $\delta^{15}N$ 值的变化范围均较小，表明六指马鲅的摄食选择性较小，其食物种类较少，碳和氮的来源均较单一，营养位置变化不大。宁加佳等（2015）研究南海大鹏湾海域六指马鲅摄食习性发现，六指马鲅食性较为单一，主要以近缘新对虾、口虾蛄、桡足类和蟹类为食，其 $\delta^{13}C$ 和 $\delta^{15}N$ 值变化范围不大。

根据稳定同位素方法计算得到闽江口六指马鲅的平均营养级为 3.66，比 Fishbase 提供的参考营养级 3.80 略低，误差范围在 0.2 个营养级内；与中国沿海其他海域六指马鲅的营养级相比较，与九龙江口六指马鲅（3.71）（廖健基 等，2015）和南海大鹏湾海域六指马鲅（3.34）（宁加佳 等，2015）的营养级基本一致，误差范围在 0.5 个营养级内；比厦门东部海域六指马鲅（2.80）（黄良敏 等，2008）、福建近海六指马鲅（2.30）（卢振彬和黄美珍，2004）和闽南台湾浅滩六指马鲅（2.70）（张其永 等，1981）的营养级高，误差范围大于 0.5。

（二）碳、氮稳定同位素与营养级的时空分布

闽江口六指马鲅在调查站点中分布较为广泛，11 个调查站点中均有出现，六指马鲅在各站点的 $\delta^{13}C$ 范围为 −21.111‰～−18.859‰，$\delta^{15}N$ 的范围则是 10.980‰～12.341‰，两者的平均值及标准差为（−19.557±0.641）‰和（11.503±0.357）‰。平均碳氮比和营养级范围分别为 3.22～4.37 和 3.51～3.91（表 4-8），营养级在各站点呈均匀分布，无明显差别（图 4-21）。

表 4 - 8　闽江口六指马鲅 $\delta^{15}N$、$\delta^{13}C$ 和营养级的站点分布

站点	$\delta^{13}C$（‰）	$\delta^{15}N$（‰）	C∶N	营养级
S03	-19.491	11.679	3.23	3.71
S04	-19.006	11.521	3.45	3.67
S05	-19.497	11.426	3.29	3.64
S07	-19.231	11.603	3.22	3.69
S08	-21.111	11.075	3.84	3.54
S09	-19.477	11.278	3.37	3.60
S10	-20.305	12.341	4.37	3.91
S11	-18.859	11.487	3.46	3.66
S12	-19.102	11.505	3.47	3.66
S13	-19.464	11.643	3.64	3.70
S14	-19.585	10.980	3.27	3.51

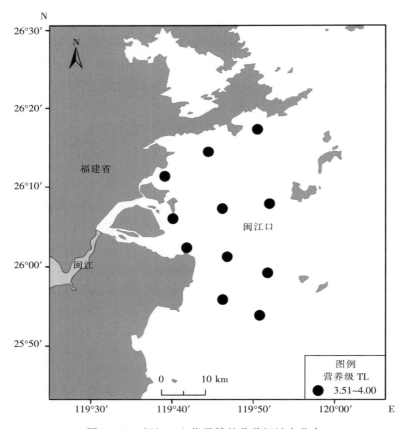

图 4 - 21　闽江口六指马鲅的营养级站点分布

从时空分布上看，夏、秋季六指马鲅分布站点数均比较多，分别为 10 个和 8 个。夏季各站点 $\delta^{13}C$ 值分布整体偏低，且各站点间波动较大；秋季六指马鲅 $\delta^{13}C$ 值较夏季略有上升，各站点间 $\delta^{13}C$ 值大小差别明显（图 4-22）。闽江口六指马鲅夏、秋季 $\delta^{15}N$ 在各站点的分布情况，其分布规律与 $\delta^{13}C$ 相似，从夏季到秋季整体上呈上升趋势，同时在各站点的分布中，$\delta^{15}N$ 的差别也比明显（图 4-23）。

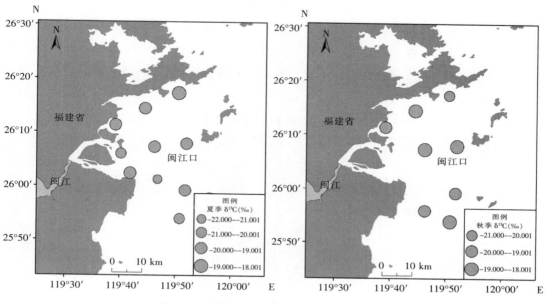

图 4-22　闽江口六指马鲅 $\delta^{13}C$ 的时空分布

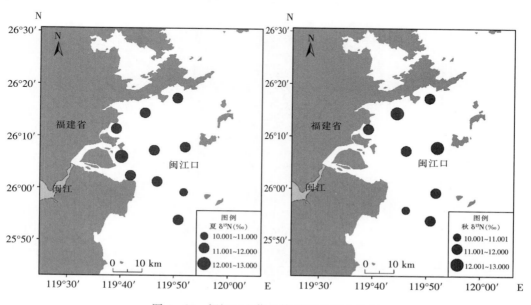

图 4-23　闽江口六指马鲅 $\delta^{15}N$ 的时空分布

五、鹿斑仰口鲾

(一) 碳、氮稳定同位素与营养级的季节变动

闽江口鹿斑仰口鲾碳氮同位素范围以 $\delta^{13}C$ 较为广泛（表 4 - 9），其范围为 $-24.564‰\sim$ $-16.769‰$，$\delta^{15}N$ 则相对较集中，范围是 $9.306‰\sim12.207‰$，两者的平均值及标准差为 $(-21.316\pm1.834)‰$ 和 $(11.040\pm0.796)‰$，平均碳氮比和营养级分别为 3.51 ± 0.34 和 3.66 ± 0.11（图 4 - 24）。鹿斑仰口鲾的 $\delta^{13}C$ 与 $\delta^{15}N$ 的相关性不显著（Pearson，$r=-0.191$，$P=0.396$，$n=22$）。

表 4 - 9 闽江口鹿斑仰口鲾 $\delta^{15}N$、$\delta^{13}C$ 和营养级的季节变动

季节	$\delta^{13}C$ (‰)		$\delta^{15}N$ (‰)		C：N	营养级
	范围	平均值±SD	范围	平均值±SD		
春季	$-24.564\sim-22.372$	-23.363 ± 0.941	$10.167\sim11.622$	10.955 ± 0.597	4.88	3.50
夏季	$-21.457\sim-19.597$	-20.405 ± 0.622	$10.576\sim12.207$	11.597 ± 0.507	3.66	3.69
秋季	$-22.453\sim-21.203$	-21.825 ± 0.513	$10.583\sim11.894$	11.160 ± 0.603	6.09	3.56
冬季	$-20.500\sim-16.769$	-19.049 ± 1.597	$9.306\sim10.861$	9.953 ± 0.728	3.99	3.21

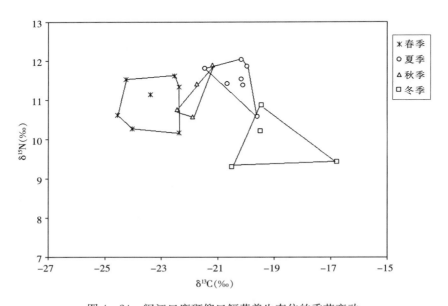

图 4 - 24 闽江口鹿斑仰口鲾营养生态位的季节变动

单因素方差分析显示，鹿斑仰口鲾的 $\delta^{13}C$、$\delta^{15}N$ 在季节间的差异性极显著（$P<$ 0.01）。4 个季节中，最大、最小平均 $\delta^{13}C$ 出现在冬、春季，分别为（$-19.049\pm$ 1.597）‰、（-23.363 ± 0.941）‰；最大、最小平均 $\delta^{15}N$ 出现在夏、冬季，分别为（11.597 ± 0.507）‰、（9.953 ± 0.728）‰。闽江口鹿斑仰口鲾的平均碳氮比的季节性波动较大，范围为 3.66～6.09，其中最高值出现在秋季；营养级在各季节的变化幅度较小，范围为3.21～3.69，其中，冬季的鹿斑仰口鲾营养级最低，夏季的最高。

闽江口鹿斑仰口鲾资源全年四季均有分布，其碳氮稳定同位素具有明显的季节变动。闽江口鹿斑仰口鲾 $\delta^{13}C$ 范围较为广泛，差值为 7.795‰；$\delta^{15}N$ 范围则相对较为集中，差值仅为 2.901‰；$\delta^{13}C$ 和 $\delta^{15}N$ 值的变化范围均较小，表明鹿斑仰口鲾的摄食选择性不强，其食物种类具有明显季节变动，碳来源较为复杂，氮的来源较为单一，其营养位置变化不大。

根据稳定同位素方法计算得到闽江口鹿斑仰口鲾的平均营养级为 3.53，比 Fishbase 提供的参考营养级 2.70 高，误差范围大于 0.5 个营养级；与中国沿海其他海域鹿斑仰口鲾的营养级相比较，与南海徐闻珊瑚礁保护区海域鹿斑仰口鲾（3.18）（杨国欢 等，2012）的营养级相差不大，误差范围在 0.5 个营养级内；比厦门东部海域鹿斑仰口鲾（2.10）（黄良敏 等，2008）、福建近海鹿斑仰口鲾（2.40）（卢振彬和黄美珍，2004）的营养级高，误差范围大于 1 个营养级。可以看出，对比发现传统胃含物方法计算的营养级会普遍偏低，而应用碳氮稳定同位素方法对营养级的估算值相对较高。

（二）碳、氮稳定同位素与营养级的时空分布

闽江口鹿斑仰口鲾在调查站点中分布较为广泛，11 个调查站点中有 10 个站点采集到样本，但其在各站点间的碳氮稳定同位素值变化不大，表现比较稳定。鹿斑仰口鲾在各站点的 $\delta^{13}C$ 范围为-22.825‰～-19.961‰，$\delta^{15}N$ 的范围则是 10.456‰～11.857‰，两者的平均值及标准差为（-21.276 ± 1.083）‰和（11.169 ± 0.428）‰。平均碳氮比和营养级范围分别为 3.65～6.04 和 3.35～3.77（表 4-10），营养级在各站点的分布比较集中（图 4-25）。

表 4-10　闽江口鹿斑仰口鲾 $\delta^{15}N$、$\delta^{13}C$ 和营养级的站点分布

站点	$\delta^{13}C$（‰）	$\delta^{15}N$（‰）	C : N	营养级
S03	-22.825	11.060	4.73	3.53
S04	-20.173	11.532	3.65	3.67
S05	-22.132	10.959	5.29	3.50

（续）

站点	$\delta^{13}C$ (‰)	$\delta^{15}N$ (‰)	C:N	营养级
S07	−19.961	11.857	3.73	3.77
S08	−20.118	11.370	3.83	3.62
S09	−20.364	10.758	4.09	3.44
S11	−21.181	10.922	4.34	3.49
S12	−21.360	10.456	4.77	3.35
S13	−22.544	11.622	6.04	3.70
S14	−22.098	11.153	4.33	3.56

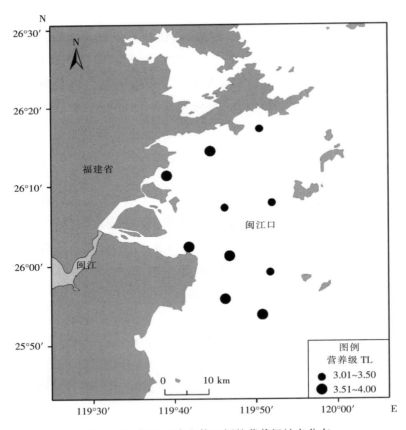

图 4-25　闽江口鹿斑仰口鲾的营养级站点分布

从时空分布上看，春、夏季鹿斑仰口鲾分布站点最多，均为 7 个，但春季 $\delta^{13}C$ 值最低，夏季 $\delta^{13}C$ 值略有上升；秋季鹿斑仰口鲾分布站点数减少，$\delta^{13}C$ 值略有下降；冬季鹿斑仰口鲾分布站点最少，仅有 3 个，但 $\delta^{13}C$ 值是四季中最高（图 4 - 26）。闽江口鹿斑仰口鲾各季节 $\delta^{15}N$ 在各站点的分布情况，其分布规律与 $\delta^{13}C$ 有明显不同，4 个季节的 $\delta^{15}N$ 较为稳定，波动幅度不大，同时在各站点的分布中，$\delta^{15}N$ 的变化也比较小（图 4 - 27）。

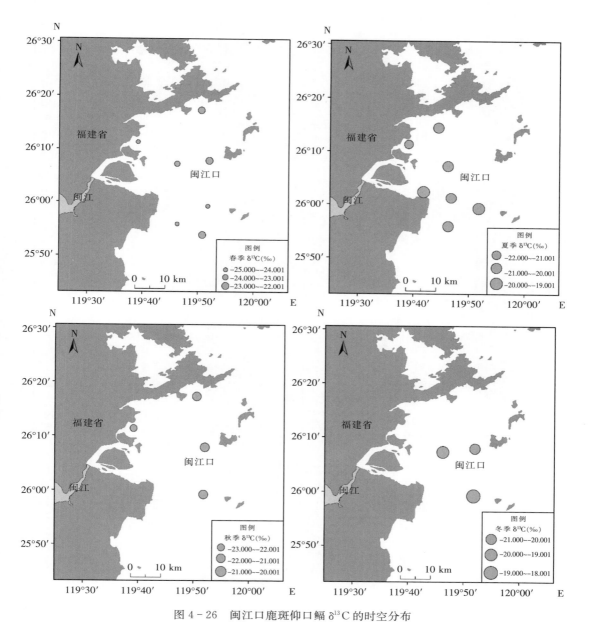

图 4 - 26　闽江口鹿斑仰口鲾 $\delta^{13}C$ 的时空分布

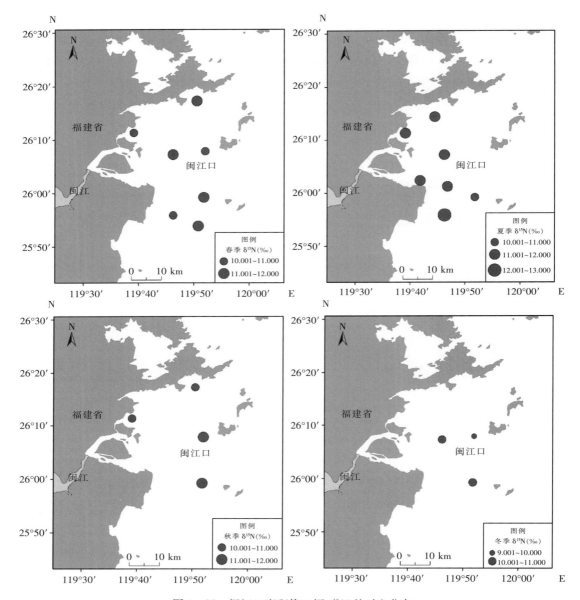

图 4 - 27　闽江口鹿斑仰口鲾 $\delta^{15}N$ 的时空分布

第五章
闽江口主要优势
种生物学特性

20 世纪 50—60 年代初期，中国海洋渔业资源研究工作着重于沿岸和近海渔业资源的本底调查，为渔业生产服务。60 年代中期至 70 年代，由于渔业机动渔船迅速发展，而且单船功率日趋增大，急需扩大作业渔场范围和增加新的捕捞对象，促进了捕捞对象的基础生物学研究的发展（郑元甲 等，2013）。

物种为了种群的延续和繁衍，通过自然选择形成了适应其生存的生活史选择型，分为 r 选择、中间偏 r 选择、中间偏 K 选择和 K 选择（MacArthur ＆ Wilson，1967；Pinaka，1970；Reznick et al，2002）。r 选择型种群固有增长率较高、生长系数值较大和自然死亡率较高；其生物学特性主要表现在个体小、生长迅速、性成熟早、性腺成熟指数高、生命周期短。K 选择型种群固有增长率较低、生长系数值较小和自然死亡率较低；其生物学特性主要表现在个体大、生长缓慢、性成熟迟、性腺成熟指数相对低、生命周期较长。可以看出，r 选择型的鱼类资源特点是种群结构简单、世代交替快、更新能力强、增殖能力高，但易受环境影响，资源稳定性较差；K 选择型鱼类种群结构复杂，更新能力较弱，增殖能力也相对较低，资源稳定性较强，但是这类资源一旦过度捕捞就不易恢复。中国主要海洋经济鱼类的生活史选择型多数属于 r 选择型或中间偏 r 选择型，属于 K 选择型的鱼种较少（罗秉征，1992）。研究鱼类种群动态及其生活史选择型的演变过程，对合理利用海洋经济鱼类资源和保护物种多样性，在理论和实践上都具有重要意义。

第一节　二长棘犁齿鲷 [*Evynnis cardinalis* (Lacepède，1802)]

二长棘犁齿鲷（*Evynnis cardinalis*），隶属于辐鳍鱼纲（Actinopterygii）、鲈形目（Perciformes）、鲷科（Sparidae）、犁齿鲷属（*Evynnis*）。分布于西太平洋区，包括中国、日本南部、韩国、朝鲜、越南、菲律宾等沿海海域，在我国主要分布于东海、南海和台湾海域。主要栖息在海流湍急的海域，以底栖的无脊椎动物为食。

以北部湾群体为例，二长棘犁齿鲷的季节变动主要受其周期性生殖洄游的影响，与温、盐度密切相关。秋末气温开始下降，亲鱼性腺开始发育，分布在北部湾内各处的二长棘犁齿鲷鱼群开始向东北部浅海行生殖洄游；冬季，产卵群体在北部湾东北部集结而形成鱼群密集区，当水温降到 19～20 ℃时，亲鱼性腺发育成熟并开始产卵；春季，产卵后的鱼群逐渐分散至北部湾内各处，在产卵场附近普遍出现密集的幼鱼群体，当年生的幼鱼则在东北部的沿岸浅海区育肥成长，至 5 月前后，幼鱼体长已达 50～80 mm，并部分开始向南移动，大多聚集在 40 m 以浅的浅海区，但有的已经进入到水深 50 m 左右的北部湾中部水域；夏季，当年出生的幼鱼群体进一步向西南方向扩散，并广泛分布在湾内水域；秋季，幼鱼密集区已扩大到湾中部至湾口一带。

二长棘犁齿鲷在北部湾海域广泛摄食，包括中上层鱼类、底栖鱼类、甲壳类和头足类等，饵料鱼类主要有麦氏犀鳕、康氏小公鱼、粗纹鲳等。体长在 30～59 mm 时，主要以小型饵料生物浮游动物为食；而 60 mm 及以上个体则主要以大型饵料鱼类和底栖无脊椎动物为食，有食性转换现象（张宇美 等，2014；杨璐 等，2016）。

一、2006 年渔获

仅春季采到二长棘犁齿鲷，体长范围为 2.10～4.60 cm，其中，3.50～3.75 cm 体长范围频度最高，占 24.84%（图 5-1）；体重范围为 0.49～2.72 g，平均 1.29 g，其中，0.75～1.00 g 体重范围频度最高，占 22.88%（图 5-2）。体长-体重曲线呈显著幂函数关系，为 $W=0.028L^{2.924}$（$R^2=0.827\ 2$）（图 5-3）。

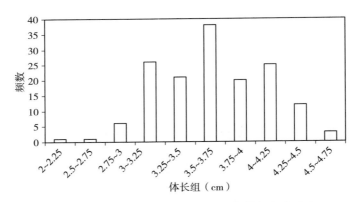

图 5-1　闽江口 2006 年二长棘犁齿鲷体长频度分布

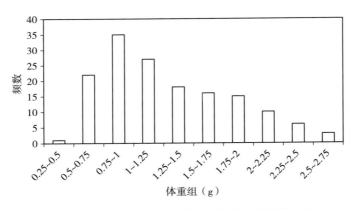

图 5-2　闽江口 2006 年二长棘犁齿鲷体重频度分布

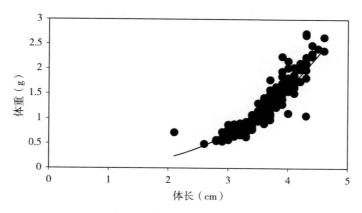

图 5-3　闽江口 2006 年二长棘犁齿鲷体长-体重关系

2006 年，闽江口调查海域的 4 个季节平均水温为 20.8 ℃。二长棘犁齿鲷极限体长为 4.73 cm，K 值为 0.38，总死亡系数为 0.78，自然死亡系数为 1.38，捕捞死亡系数为 -0.6，开发率为 -0.77；捕捞可能性分析中，体长小于 2.96 cm 的捕捞可能性小于 0.25，小于 3.18 cm 的捕捞可能性小于 0.5，小于 3.44 cm 的捕捞可能性小于 0.75（图 5-4）。

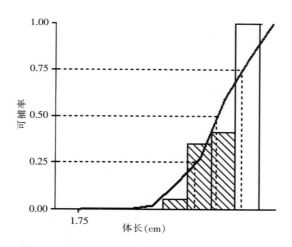

图 5-4　闽江口 2006 年二长棘犁齿鲷可捕系数

二、2015 年渔获

全年仅有春季和夏季采到二长棘犁齿鲷，全年体长范围为 3.00~8.10 cm，其中，4.50~5.50 cm 体长范围频数较高，占 53.46%（图 5-5）；体重分布在 0.6~22.8 g，其中，3~5 g 体重范围频数较高，占 46.54%（图 5-6）。春季体长范围为 3.0~6.1 cm，平均 4.77 cm，体重范围为 0.60~8.20 g，平均 3.63 g；夏季体长范围为 4.5~8.1 cm，平均 6.69 cm，体重范围为 3.70～22.80 g，平均 13.06 g。全年鱼的体长-体重曲线呈显著幂函数关系，为 $W=0.0137L^{3.5477}$（$R^2=0.9453$）（图 5-7）。按季节分，其体长-体重幂函数曲线中 b 系数依次为春季 3.304 1 和夏季 3.152 3。

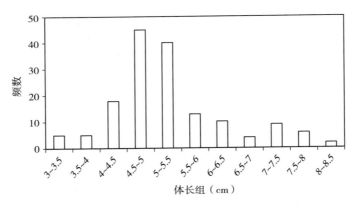

图 5-5 闽江口 2015 年二长棘犁齿鲷体长频度分布

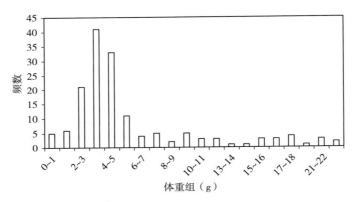

图 5-6 闽江口 2015 年二长棘犁齿鲷体重频度分布

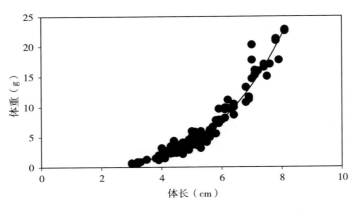

图 5-7 闽江口 2015 年二长棘犁齿鲷体长-体重关系

2015 年，闽江口调查海域的 4 个季节平均水温为 21.3 ℃。二长棘犁齿鲷极限体长为

8.4 cm，K 值为 0.7，总死亡系数为 1.67，自然死亡系数为 1.78，捕捞死亡系数为 -0.11，开发率为 -0.06；捕捞可能性分析中，体长小于 3.55 cm 的捕捞可能性小于 0.25，小于 3.96 cm 的捕捞可能性小于 0.5，小于 4.38 cm 的捕捞可能性小于 0.75（图 5-8）。

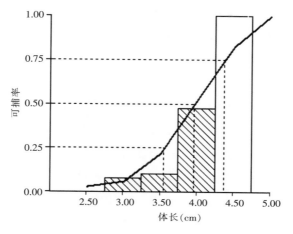

图 5-8　闽江口 2015 年二长棘犁齿鲷可捕系数

第二节　凤鲚 [*Coilia mystus*（Linnaeus，1758）]

　　凤鲚（*Coilia mystus*），隶属于辐鳍鱼纲（Actinopterygii）、鲱形目（Clupeiformes）、鳀科（Engraulidae）、鲚属（*Coilia*）。主要分布于印度洋北部沿海和太平洋西部沿海，东至中国、朝鲜、日本，南至印度尼西亚，为沿海中小型鱼类，栖息于港湾、河口附近。中国沿海均有分布，在较大的江河、湖泊均有产出，如珠江、闽江、长江、太湖等，尤以长江中下游最多。凤鲚具洄游特性，平时栖息于浅海，每年春季从海中洄游到江河半咸淡水区域产卵，孵化不久的仔鱼就在江河口的深水处育肥，以后再回到海中，翌年达性成熟。

　　以长江河口为例，每年 5 月初至 7 月中旬，凤鲚繁殖群体随着潮水的上涨由南北港进入长江南支的咸淡水区作生殖洄游。其洄游距离很短，大部分只到长江口南北支汇南支（倪勇，1999）。三峡蓄水后长江口凤鲚繁殖群体繁殖力下降，个体趋于小型化，各项捕捞量指标及效益指标均大幅下滑，全长、体长和体重均值相比蓄水前分别下降 4.58%、5.15% 和 3.55%，绝对怀卵量和相对怀卵量均值相比蓄水前分别下降 17.38% 和 16.97%。与历史记录相比其资源已急剧衰退，捕捞价值濒临丧失（刘凯 等，2004，2013）。

　　鱼类的口裂和鳃耙间距是饵料大小选择的主要因子，口裂大小影响摄食鱼类饵料个体的大小，鳃耙间距大小则影响摄食浮游生物饵料个体的大小，随着鱼类的发育，口裂和鳃耙间距也逐渐变大，可摄食的饵料的大小会随着体长的增加而变大。凤鲚摄食等级较低，主要以桡足类、糠虾、端足类、牡蛎和鱼卵为食，其食物组成、摄食强度、食物生态位宽度随季节和生长阶段变化。春季随着水温升高，周围环境中饵料生物逐渐丰富，凤鲚活动能力也有所增强，摄食等级较高，饱满系数也较高。桡足类为各个发育阶段的最重要的食物，糠虾类、磷虾类为次重要的类群，随着体长的增加，小型鱼类在食物组成中的比重越来越高。凤鲚有两个摄食强度的高峰：幼体组（70～100）mm 和成体组（191～250）mm（郭爱 等，2016）。对舟山近海的张网渔获的凤鲚胃含物分析发现磷虾类占首要地位（周永东 等，2004），而长江口和杭州湾的凤鲚食物组成中则以甲壳类动物占绝对优势（刘守海和徐兆礼，2011；刘守海 等，2012）。由于不同海域的生物分布种类的差异，凤鲚具体摄食种类存在明显的差异。在时间尺度上，鱼类食性也会发生季节性变化，这和鱼类的代谢强度、摄食行为、与外界环境的关系以及饵料生物的季节变化息息相关。东、黄海凤鲚存在明显的食性季节变化，不同季节食物组成、摄食强度、食物生态位宽度均存在明显的季节变化。春、夏季东、黄海凤鲚的饵料生物种类较多，近 30 种，为秋、冬季饵料生物种类的 3 倍之多。春季主要摄食桡足类，夏季主要摄食糠虾类和桡足类，秋季主要摄食桡足类，冬季主要摄食磷虾类（郭爱 等，2014）；而在厦门港，凤鲚的食物有季节变化，但不是很显著（郑重和方金钏，1956）。凤鲚在洄游到江河口产卵期间很少摄食，渔获物中雄鱼往往多于雌鱼。

凤鲚雌、雄个体比例相差较大，以 1989 年和 1991 年 5 月中旬取自崇明岛的个体为例，雌雄鱼个体的性比可达 6.2：1，雌性远多于雄性。按体长组的分布趋势，凤鲚雌鱼体长主要分布于 140 mm 组和 150 mm 组，占雌鱼总数的 60% 以上；雄鱼主要分布在 120 mm，占雄鱼总数的 55%。雌鱼的体长（L，mm）与体重（W，g）关系的回归方程为 $W = 1.174 \times 10^{-5} L^{2.773}$（曾强和董方勇，1993）。随纬度降低，2003 年 2 月至 2011 年 4 月舟山捕捞群体的体长范围为 24～189 mm，以 60～130 mm 的个体占优势，达到 68.71%；体重范围为 0.05～31.20 g。繁殖期在 3—7 月，繁殖盛期在 6—7 月，体重（W，g）与体长（L，mm）呈幂函数关系为 $W = 1.249\ 9 \times 10^{-6} L^{3.211\ 96}$（$R^2 = 0.969\ 6$）（薛利建 等，2011）。对浙南瓯江凤鲚群体的研究表明，2006 年汛期瓯江的凤鲚体长为 9.02～23.18 cm，平均 17.64 cm；体重为 8.03～70.05 g，平均 27.04 g。雌雄个体体重（W）与体长（L）的关系分别为 $W = 0.021 L^{2.52}$（$R^2 = 0.77$）和 $W = 0.012\ 7 L^{2.605}$（$R^2 = 0.72$）（仲伟 等，2009）。2010—2013 年 8 月的九龙江口凤鲚渔获群体中，体长范围为 44～239 mm，优势体长为 140～160 mm，约占总数的 1/4；体重范围为 0.20～69.10 g，优势体重为 0.20～20 g，占总数的 70% 以上，体长与体重的关系表达式为 $W = 1.3 \times 10^{-6} L^{3.23}$（晁眉 等，2016）。

一、2006 年渔获

2006 年调查表明，闽江口 4 个季节均采到凤鲚。全年体长分布为 8.60～22.3 cm，其中，14～15 cm 体长范围频数最高，占 22.19%（图 5-9）；体重分布为 1.82～42.50 g，其中，5～15 g 体重范围频数较多，占 59.27%（图 5-10）。

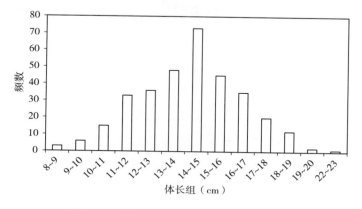

图 5-9 闽江口 2006 年凤鲚体长频度分布

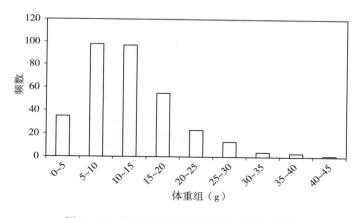

图 5-10 闽江口 2006 年凤鲚体重频度分布

2006 年，凤鲚春季体长范围为 10.5～19.2 cm，平均 15.31 cm，体重范围为 4.47～35.74 g，平均 16.09 g；夏季体长范围为 8.8～18.7 cm，平均 15.78 cm，体重范围为 3.33～30.11 g，平均 20.21 g；秋季仅捕获 1 尾凤鲚，体长 17.4 cm，体重 25.4 g；冬季体长范围为 8.6～22.3 cm，平均 13.36 cm，体重范围为 1.82～42.5 g，平均 9.71 g。全年鱼的体长-体重曲线呈显著幂函数关系，为 $W = 0.001\ 3L^{3.422\ 3}$（$R^2 = 0.932\ 1$）（图 5-11）。按季节分，其体长-体重幂函数曲线中 b 系数依次为冬季 3.352 2、春季 3.103 9 和夏季 3.030 3。

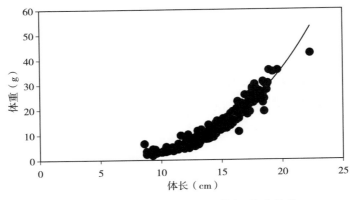

图 5-11 闽江口 2006 年凤鲚体长-体重关系

2006 年，闽江口调查海域的 4 个季节平均水温为 20.8 ℃。渔获凤鲚的极限体长为 23.1 cm，K 值为 0.19，总死亡系数为 1.06，自然死亡系数为 0.56，捕捞死亡系数为 0.5，开发率为 0.47；捕捞可能性分析中，体长小于 13 cm 的捕捞可能性小于 0.25，小于 13.45 cm 的捕捞可能性小于 0.5，小于 13.95 cm 的捕捞可能性小于 0.75（图 5-12）。

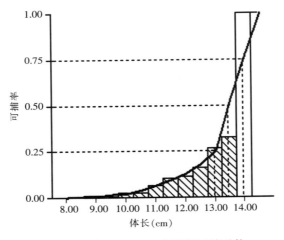

图 5-12 闽江口 2006 年凤鲚可捕系数

二、2015 年渔获

闽江口 4 个季节均采到凤鲚，全年体长分布为 7~21 cm，其中，13.5~14.5 cm 体长范围频数较高，占 26.11%（图 5-13）；体重分布为 1.5~45.3 g，其中，5~10 g 体重范围频数较高，占 43.89%（图 5-14）。

2015 年凤鲚春季体长范围为 11~21 cm，平均 14.6 cm，体重范围为 5.4~45.3 g，平均 14.65 g；夏季体长范围为 7~17 cm，平均 13 cm，体重范围为 1.5~17.9 g，平均 10.89 g；秋季体长范围为 8~18 cm，平均 13 cm，体重范围为 1.70~28.4 g，平均 10.05 g；

冬季体长范围为 9～19 cm，平均 13.8 cm，体重范围为 2.67～29.57 g，平均 9.79 g。全年鱼的体长-体重曲线呈显著幂函数关系，为 $W=0.003\,9L^{3.000\,0}$（$R^2=0.817\,2$）（图 5-15）。按季节分，其体长-体重幂函数曲线中 b 系数依次为春季 3.247 5、秋季 3.207 2、冬季 3.046 0 和夏季 2.360 9。

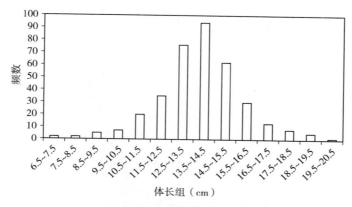

图 5-13　闽江口 2015 年凤鲚体长频度分布

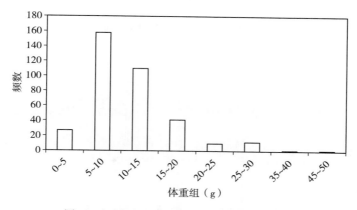

图 5-14　闽江口 2015 年凤鲚体重频度分布

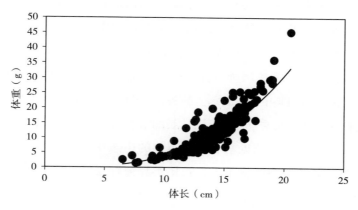

图 5-15　闽江口 2015 年凤鲚体长-体重关系

2015 年，闽江口调查海域的 4 个季节平均水温为 21.3 ℃。凤鲚的极限体长为 20.48 cm，K 值为 1.2，总死亡系数为 4.11，自然死亡系数为 1.97，捕捞死亡系数为 2.14，开发率为 0.52；捕捞可能性分析中，体长小于 11.20 cm 的捕捞可能性小于 0.25，小于 12.12 cm 的捕捞可能性小于 0.5，小于 13.01 cm 的捕捞可能性小于 0.75（图 5 - 16）。

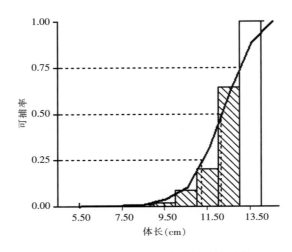

图 5 - 16　闽江口 2015 年凤鲚可捕系数

第三节　棘头梅童鱼 ［*Collichthys lucidus* （Richardson，1844）］

　　棘头梅童鱼（*Collichthys lucidus*），隶属于辐鳍鱼纲（Actinopterygii）、鲈形目（Perciformes）、石首鱼科（Sciaenidae）、鲚属（*Collichthys*）。在我国主要分布在黄海和东海，以东海产量最大，也见于黄河、长江、钱塘江、闽江和珠江水系，每年的 4—6 月和 9—10 月为渔汛旺期。棘头梅童鱼为暖水性近海底层小型鱼类，常年栖息于水深 20～50 m 的泥沙底质浅海，无长距离洄游习性，仅冬季向相对深水区移动。生殖季节喜集群，产卵后鱼群分散索饵，1 龄即可达性成熟。棘头梅童鱼食谱较宽，并呈极显著的季节变化，食物多样性指数春季较高，秋季较低，且随体长的增加而升高（贺舟挺 等，2011、2012）。

　　棘头梅童鱼在长江口及其邻近水域具有重要的生态作用。作为捕食者，棘头梅童鱼主要摄食浮游动物，如多毛类、桡足类、长尾类和糠虾目等，兼食小型鱼类、虾类。摄食强度夏季和秋季较高；春、夏季的主要优势饵料为短额刺糠虾（*Acanthomysis brevirostris*），至秋、冬季则分别为长额刺糠虾（*Acanthomysis longirostris*）和葛氏长臂虾

（*Palaemon gravieri*）所替代，食物组成与长江口水域饵料生物的季节变化有关。棘头梅童鱼有自食幼鱼现象，夏季大量棘头梅童鱼幼鱼在长江口水域索饵，部分幼鱼成为棘头梅童鱼饵料生物（王建锋 等，2016）。同时，棘头梅童鱼也是细纹狮子鱼（*Liparis tanakae*）、中国花鲈（*Lateolabrax maculatus*）、窄体舌鳎（*Cynoglossus gracilis*）和海鳗（*Muraenesox cinereus*）等鱼类的饵料。2012—2013 年采集的棘头梅童鱼样本体长范围为 18～155 mm，平均体长为 61 mm；冬季和秋季的平均体长较大，分别为 107 mm 和 97 mm，其中冬季样品的平均体长最大，优势体长组为 101～110 mm，占冬季总量的近四成；春季和夏季的平均体长相对较小，分别为 46 mm 和 65 mm，其中，春季个体最小，优势体长组为 21～30 mm，占春季棘头梅童鱼总量的八成以上，体长-体重关系式为 $W = 2.0 \times 10^{-5} L^{2.9825}$ （$R^2 = 0.9634$）（胡艳 等，2015）。

舟山海域 2012 年调查显示，棘头梅童鱼春季鱼体体长范围为 87～144 mm，平均值为 110.0 mm，优势组为 90～130 mm；体重范围为 12.3～54.6 g，平均值为 26.3 g，优势组为 15～30 g。夏季体长范围为 25～129 mm，平均值为 66.8 mm，优势组为 30～50 mm 与 70～90 mm；体重范围为 0.1～39.0 g，平均值为 9.0 g，优势组为 0.1～3 g 与 6～15 g。秋季体长范围为 77～143 mm，平均值 98.9 mm，优势组为 80～110 mm；体重范围为 8.4～55.4 g，平均值为 20.0 g，优势组为 9～21 g。冬季体长范围为 45～136 mm，平均值 91.7 mm，优势组为 80～110 mm；体重范围为 1.5～52.1 g，平均值为 16.4 g，优势组为 9～24 g（张洪亮 等，2015）。珠江口 1979—1980 年渔业资源调查中棘头梅童鱼 5 月出现幼鱼，生长至 9 月其体长达 90～100 mm，至 12 月达 100～120 mm，至翌年 4 月为 110～140 mm，经过一周年的生长，达到第一次性成熟，补充入产卵群体，珠江口海区周年出现幼鱼（林蔼亮，1985）；棘头梅童鱼属多批次产卵类型，具有生命周期短、产卵期长、繁殖力强、恢复率高等特点（何宝全和李辉权，1988）。

一、2006 年渔获

各季节中除了夏季外均采到棘头梅童鱼，全年体长分布范围为 3.7～16.2 cm，其中，10.5～12.0 cm 体长范围频数最高，占 54.79%（图 5-17）；体重分布为 0.67～82.79 g，其中 25～30 g 体重范围频数较多，占 29.86%（图 5-18）。

从季节上分，棘头梅童鱼春季体长范围为 4.7～16.2 cm，平均 10.98 cm，体重范围为 1.58～82.79 g，平均 29.50 g；秋季体长范围为 4.4～15.3 cm，平均 7.55 cm，体重范围为 1.94～72.75 g，平均 12.33 g；冬季体长范围为 3.7～13.6 cm，平均 10.65 cm，体重范围为 0.67～49.04 g，平均 25.88 g。全年鱼的体长-体重曲线呈显著幂函数关系，为 $W = 0.0013 L^{3.4223}$ （$R^2 = 0.9321$）（图 5-19）。按季节分，其体长-体重幂函数曲线中 b 系数依次为春季 3.2439、冬季 3.1009 和秋季 2.9831。

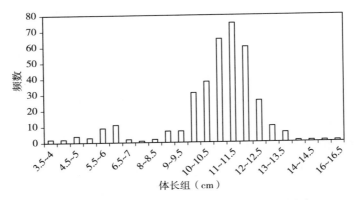

图 5-17　闽江口 2006 年棘头梅童鱼体长频度分布

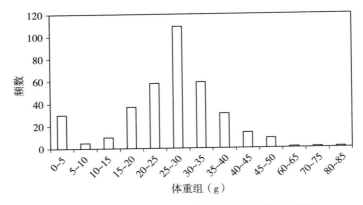

图 5-18　闽江口 2006 年棘头梅童鱼体重频度分布

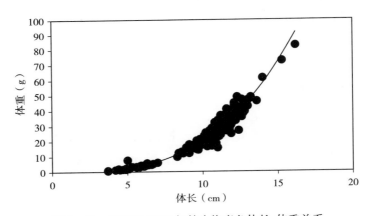

图 5-19　闽江口 2006 年棘头梅童鱼体长-体重关系

2006 年，闽江口调查海域的 4 个季节平均水温为 20.8 ℃。棘头梅童鱼的极限体长为 16.8 cm，K 值为 0.51，总死亡系数为 2.51，自然死亡系数为 1.18，捕捞死亡系数为 1.33，开发率为 0.53；捕捞可能性分析，体长小于 9.42 cm 的捕捞可能性小于 0.25，小于 9.80 cm 的捕捞可能性小于 0.5，小于 10.20 cm 的捕捞可能性小于 0.75（图 5-20）。

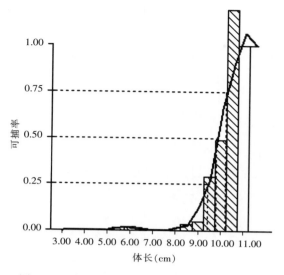

图 5 - 20　闽江口 2006 年棘头梅童鱼可捕系数

二、2015 年渔获

闽江口 4 个季节均采到棘头梅童鱼，全年体长分布为 3～16 cm，其中，9.5～12.5 cm 体长范围频数较高，占 59.35%（图 5 - 21）；体重分布为 0.36～83 g，其中，10～30 g 体重范围频数较高，占 60.31%（图 5 - 22）。

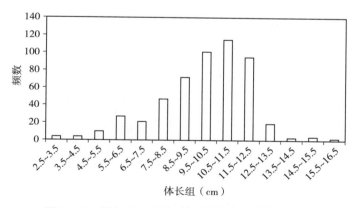

图 5 - 21　闽江口 2015 年棘头梅童鱼体长频度分布

2015 年，渔获中棘头梅童鱼春季体长范围为 8～14 cm，平均 10.7 cm，体重范围为 10.5～61.9 g，平均 28.9 g；夏季体长范围为 5～14 cm，平均 7.1 cm，体重范围为 2.2～59.0 g，平均 8.51 g；秋季体长范围为 4～16 cm，平均 9.6 cm，体重范围为 1.7～83.0 g，平均 20.89 g；冬季体长范围为 3～16 cm，平均 10.1 cm，体重范围为 0.36～68 g，平均 21.41 g。全年鱼的体长-体重曲线呈显著幂函数关系，为 $W = 0.016\ 1L^{3.091\,8}$（$R^2 = 0.956\ 4$）

（图5-23）。按季节分，其体长-体重幂函数曲线中b系数依次为冬季3.111 5、秋季2.975 6、夏季2.967 7和春季2.796 7。

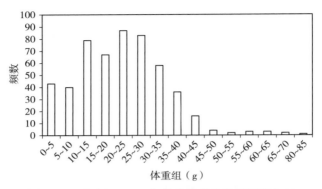

图5-22　闽江口2015年棘头梅童鱼体重频度分布

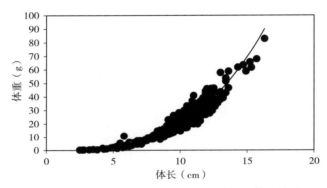

图5-23　闽江口2015年棘头梅童鱼体长-体重关系

2015年，闽江口调查海域的4个季节平均水温为21.3 ℃。棘头梅童鱼的极限体长为16.28 cm，K值为1.1，总死亡系数为4.52，自然死亡系数为1.99，捕捞死亡系数为2.53，开发率为0.56；捕捞可能性分析，体长小于7.80 cm的捕捞可能性小于0.25，小于8.59 cm的捕捞可能性小于0.5，小于9.44 cm的捕捞可能性小于0.75（图5-24）。

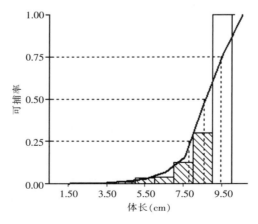

图5-24　闽江口2015年棘头梅童鱼可捕系数

第四节　六指马鲅 [*Polydactylus sextarius* (Bloch & Schneider，1801)]

六指马鲅（*Polydactylus sextarius*），隶属于辐鳍鱼纲（Actinopterygii）、鲻形目（Mugiliformes）、马鲅科（Polynemidae）、多指马鲅属（*Polydactylus*）。广泛分布于印度洋、太平洋和非洲暖水水域，中国东海和南海也有分布，以海南岛东部近海较密集。六指马鲅成鱼通常成群栖息于海岸边石礁的沙洞和拍岸浪区，在沙泥地混浊水域或珊瑚礁干净水域均可见，以沙泥底质环境较常见，河口、港湾、红树林等海域也能发现其踪迹。六指马鲅为群栖性，常成群洄游，近岸产卵，受精卵在近海孵化，仔鱼呈漂游性，变态后进入近岸的拍岸浪区，有时也进入淡水。该鱼属于沿岸带底栖肉食性鱼类，喜栖在内湾、河口及沙泥底海床，以胸鳍游离的软鳍条探寻沙泥底并用吻端挖掘其中的口虾蛄、虾类和蟹类为食，以近缘新对虾（*Metapenaeus affinis*）、口虾蛄（*Oratosquilla oratoria*）、桡足类和蟹类为主（宁加佳 等，2015）。全天摄食，且生长速度较快。

一、2006 年渔获

各季节除了春季均采到六指马鲅，全年体长分布为 3.4～12.4 cm，其中，8.5～10 cm体长范围频数最高，占 37.31%（图 5 - 25）；体重分布为 0.83～34.22 g，其中，0.83～5 g体重范围频数较多，占 29.50%（图 5 - 26）。

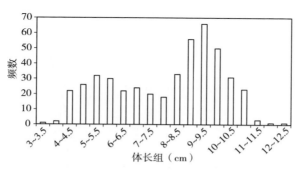

图 5 - 25　闽江口 2006 年六指马鲅体长频度分布

2006 年，六指马鲅夏季体长范围为 3.4～12.4 cm，平均 7.34 cm，体重范围为0.97～34.22 g，平均 11.23 g；秋季体长范围为 3.9～11.3 cm，平均 8.31 cm，体重范围为 0.83～34.03 g，平均 14.94 g；冬季仅捕获 1 尾六指马鲅，体长 10.8 cm，体重 16.88 g。全年鱼的

体长-体重曲线呈显著幂函数关系，为 $W=0.013L^{3.2543}$（$R^2=0.9523$）（图 5-27）。按季节分，其体长-体重幂函数曲线中 b 系数依次为秋季（3.4043）和夏季（3.1768）。

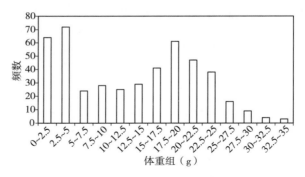

图 5-26　闽江口 2006 年六指马鲅体重频度分布

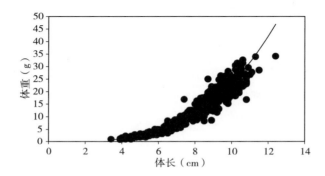

图 5-27　闽江口 2006 年六指马鲅体长-体重关系

2006 年，闽江口调查海域的 4 个季节平均水温为 20.8 ℃。六指马鲅极限体长为 12.08 cm，K 值为 0.79，总死亡系数为 3.29，自然死亡系数为 1.72，捕捞死亡系数为 1.57，开发率为 0.48；捕捞可能性分析，体长小于 7.75 cm 的捕捞可能性小于 0.25，小于 8.14 cm 的捕捞可能性小于 0.5，小于 8.55 cm 的捕捞可能性小于 0.75（图 5-28）。

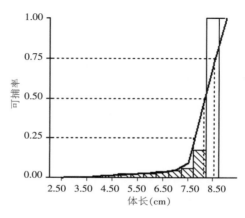

图 5-28　闽江口 2006 年六指马鲅可捕系数

二、2015 年渔获

2015 年全年只有夏季和冬季采到六指马鲅，全年体长分布为 2.4～9.3 cm，其中，6.5～8 cm 体长范围频数最高，占 54.01％（图 5-29）；体重分布为 0.4～18.9 g，其中，7～9 g 体重范围频数较多，占 24.95％（图 5-30）。

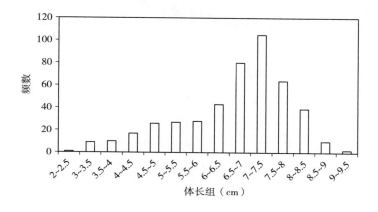

图 5-29　闽江口 2015 年六指马鲅体长频度分布

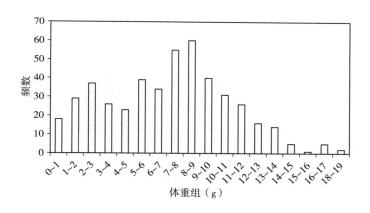

图 5-30　闽江口 2015 年六指马鲅体重频度分布

2015 年，六指马鲅夏季体长范围为 2.4～9.3 cm，平均 6.3 cm，体重范围为 0.4～18.9 g，平均 6.29 g；秋季体长范围为 4～8.9 cm，平均 7.2 cm，体重范围为 1.3～18.8 g，平均 9.37 g。全年鱼的体长-体重曲线呈显著幂函数关系，为 $W=0.012\,6L^{3.293\,8}$（$R^2=0.946\,3$）（图 5-31）。按季节分，其体长-体重幂函数曲线中 b 系数依次为夏季 3.251 6 和秋季 3.068 5。

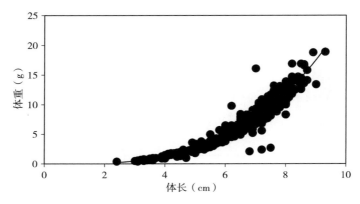

图 5-31　闽江口 2015 年六指马鲅体长-体重关系

2015 年，闽江口调查海域的 4 个季节平均水温为 21.3 ℃。极限体长为 9.45 cm，K 值为 1.2，总死亡系数为 4.16，自然死亡系数为 2.45，捕捞死亡系数为 1.71，开发率为 0.41；捕捞可能性分析，体长小于 6.11 cm 的捕捞可能性小于 0.25，小于 6.51 cm 的捕捞可能性小于 0.5，小于 6.93 cm 的捕捞可能性小于 0.75（图 5-32）。

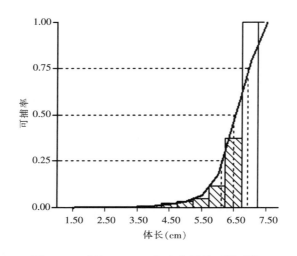

图 5-32　闽江口 2015 年六指马鲅可捕系数

第五节　龙头鱼 [*Harpadon nehereus*（Hamilton，1822）]

龙头鱼（*Harpadon nehereus*），隶属于辐鳍鱼纲（Actinopterygii）、灯笼鱼目（Myctophiformes）、龙头鱼科（Harpadontidae）、龙头鱼属（*Harpadon*）。分布于印度洋和太平洋，中国南海、东海和黄海南部均产，尤以浙江温台和舟山近海以及福建沿海产量较多。龙头鱼有短距洄游习性，每年 3—4 月，由外侧海域游向岸，10 月以后，外游向深水处过冬。1 龄性成熟，春季产卵，产卵场主要在沿海的河口处。龙头鱼属暖温性海洋中下层鱼类，活动能力很强，夜间上浮至表层（孙瑞林和陈志海，1986）。龙头鱼生性凶残，消化系统的形态结构表现出与食性相适应的特点，口裂大，有利于吞食较大个体的食物，属捕食性鱼类，饵料类群组成主要为鱼类、长尾类、磷虾类和樱虾类，并存在严重的同类自残现象（林显鹏 等，2010）。有时鱼类在其食物组成中比例甚至高达八成以上，如龙头鱼（*Harpadon nehereus*）、小黄鱼（*Pseudosciaena polyactis*）、细条天竺鱼（*Apogonichthys lineatus*）、皮氏叫姑鱼（*Johnius belangerii*）等。龙头鱼的摄食强度呈现明显的季节变化，秋季最高，冬季最低；食物组成季节变化也很明显，春季主要摄食虾类，其他季节则主要以鱼类为食，不同生长发育阶段的食物组成及摄食强度具有显著差异。龙头鱼在体长 100 mm 和 250 mm 处存在食性转换现象，在体长 250 mm 时表现为由广食性向狭食性转换的特征，摄食选择性增强（潘绪伟和程家骅，2011）。

东海区渔业资源监测调查显示，2005 年龙头鱼最大体长 303 mm，最小体长 45 mm，平均为 174.65 mm；最大体重 295 g，最小体重 0.8 g，平均为 55.42 g。其中，春季平均体长 197.77 mm，平均体重 43.83 g；夏季平均体长 220.00 mm，平均体重 57.10 g；秋季平均体长 168.51 mm，平均体重 49.70 g；冬季平均体长 171.53 mm，平均体重 59.52 g。体长-体重的关系式为 $W = 1.319\,5 \times 10^{-6} L^{3.325\,9}$（林龙山，2009）。2008—2009年，东海区龙头鱼渔获物叉长范围为 14～310 mm，平均叉长 165.23 mm，优势叉长组 120～200 mm，占总量的七成；体重范围 0.2～223.6 g，平均体重 34.10 g，优势体重范围 10～20 g，占总量的三成。叉长与总体重的关系式为 $W = 2.205 \times 10^{-6} L^{3.187\,16}$（罗海舟等，2012），个体呈现小型化趋势。

以 2010—2011 年浙南沿岸龙头鱼群体为例，其周年体长分布范围为 27.4～201.1 mm，平均为 71.4 mm，周年体重分布范围为 0.05～70.5 g，平均为 1.4 g，产量高峰期龙头鱼出现在秋季（杨星星 等，2012）。南海北部 2012 年 9 月调查获取的龙头鱼群体表明，体长范围为 110～289 mm，平均 211.62 mm；优势体长组为 201～200 mm，占总数的 61.67%；体重范围 40～280 g，平均体重 88.82 g。体长与体重关系式为 $W = 0.000\,3 L^{2.350\,6}$（$R^2 = 0.684\,7$）（杨炳忠 等，2013）。

一、2006 年渔获

全年 4 个季节均采到龙头鱼，全年体长分布为 7.2～27.6 cm，其中，10～19 cm 体长范围频数最高，占 74.40%（图 5-33）；体重分布为 1.17～194.08 g，其中，1.17～15 g体重范围频数较多，占 45.79%（图 5-34）。

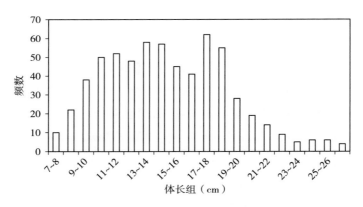

图 5 - 33　闽江口 2006 年龙头鱼体长频度分布

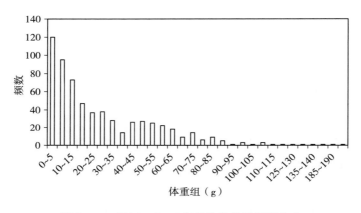

图 5 - 34　闽江口 2006 年龙头鱼体重频度分布

2006 年龙头鱼春季体长范围为 10.3～24.1 cm，平均 14.5 cm，体重范围为 6.32～109.39 g，平均 22.31 g；夏季体长范围为 10.3～23.5 cm，平均 18.38 cm，体重范围为 6.09～101.75 g，平均 54.07 g；秋季体长范围为 7.2～27.6 cm，平均 11.50 cm，体重范围为 1.17～194.08 g，平均 8.56 g；冬季体长范围为 7.2～27.1 cm，平均 17.06 cm，体重范围为 1.46～148.56 g，平均 39.23 g。全年鱼的体长-体重曲线呈显著幂函数关系，为 $W = 0.000\,4L^{3.956\,2}$ （$R^2 = 0.946\,8$）（图 5 - 35）。按季节分，其体长-体重幂函数曲线中 b 系数依次为秋季 3.579 4、冬季 3.478 1、春季 3.386 7 和夏季 3.146 2。

2006 年，闽江口调查海域的 4 个季节平均水温为 20.8 ℃。龙头鱼极限体长为 28.35 cm，K 值为 0.55，总死亡系数为 1.60，自然死亡系数为 1.07，捕捞死亡系数为 0.53，开发率为 0.33；捕捞可能性分析，体长小于 8.56 cm 的捕捞可能性小于 0.25，小于 10.65 cm 的捕捞可能性小于 0.5，小于 12.23 cm 的捕捞可能性小于 0.75 （图 5 - 36）。

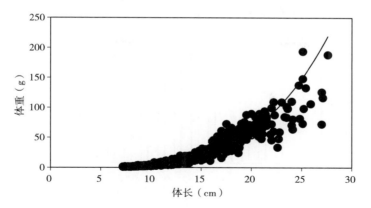

图 5-35　闽江口 2006 年龙头鱼体长-体重关系

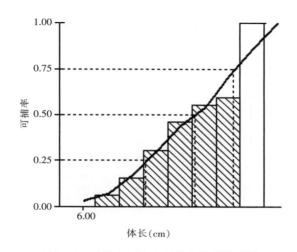

图 5-36　闽江口 2006 年龙头鱼可捕系数

二、2015 年渔获

2015 年全年闽江口 4 个季节均采到龙头鱼，全年体长分布为 6～23 cm，其中，12.5～18.5 cm 体长范围频数较高，占 57.70%（图 5-37）；体重分布在 0.9～187.1 g，其中，0.9～20 g 体重范围频数较高，占 45.59%（图 5-38）。

2015 年龙头鱼春季体长范围为 12.7～21.2 cm，平均 15.0 cm，体重范围为 10.0～85.7 g，平均 23.62 g；夏季体长范围为 10.3～23.0 cm，平均 15.4 cm，体重范围为 4.0～187.1 g，平均 32.33 g；秋季体长范围为 6.0～21.5 cm，平均 13.4 cm，体重范围为 0.9～96.0 g，平均 23.72 g；冬季体长范围为 6～23 cm，平均 17.3 cm，体重范围为 0.98～139.62 g，平均 41.18 g。全年鱼的体长-体重曲线呈显著幂函数关系，为 $W = 0.000\,8L^{3.758\,1}$（$R^2 = 0.933\,9$）（图 5-39）。按季节分，其体长-体重幂函数曲线中 b 系数依次为夏季 3.807 2、

秋季3.804 7、冬季3.783 7和春季3.424 1。

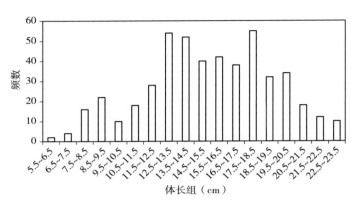

图 5 - 37　闽江口 2015 年龙头鱼体长频度分布

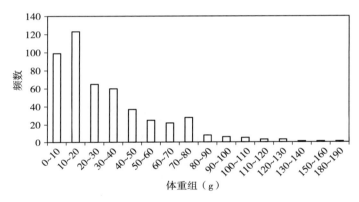

图 5 - 38　闽江口 2015 年龙头鱼体重频度分布

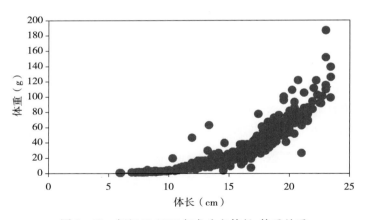

图 5 - 39　闽江口 2015 年龙头鱼体长-体重关系

　　2015 年，闽江口调查海域的 4 个季节平均水温为 21.3 ℃。极限体长为 23.63 cm，K 值为 0.56，总死亡系数为 1.03，自然死亡系数为 1.15，捕捞死亡系数为－0.12，开发率为－0.12；捕捞可能性分析，体长小于 10.51 cm 的捕捞可能性小于 0.25，小于 11.35 cm

的捕捞可能性小于 0.5，小于 12.30 cm 的捕捞可能性小于 0.75（图 5-40）。

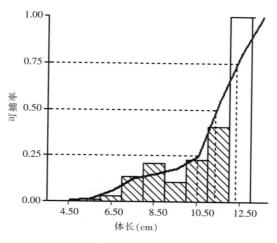

图 5-40　闽江口 2015 年龙头鱼可捕系数

第六节　鹿斑仰口鲾 [*Secutor ruconius* (Hamilton，1822)]

鹿斑仰口鲾（*Secutor ruconius*），隶属于辐鳍鱼纲（Actinopterygii）、鲈形目（Perciformes）、鲾科（Leiognathidae）、仰口鲾属（*Secutor*）。分布于印度洋、太平洋热带海域，我国见于东海和南海。主要栖息于沙泥底质近岸海区及河口，喜集群，一般皆在底层活动，活动深度较浅。鹿斑仰口鲾属于热带和亚热带近海暖水性上层鱼类，群游性，肉食性，主要以小型浮游生物为食。生殖期为 6—7 月，体长 50 mm 左右即达性成熟。体内发光腺会发光，腺体外膜收缩或舒张使发光忽明忽暗。

一、2006 年渔获

2006 年调查表明，闽江口各季节中除了冬季均采到鹿斑仰口鲾。全年体长分布为 2.6～7.5 cm，其中，3.5～4.25 cm 体长范围频数最高，占 55.15%（图 5-41）；体重分布为 0.71～13.64 g，其中，2～3 g 体重范围频数较多，占 38.97%（图 5-42）。

2006 年鹿斑仰口鲾春季体长范围为 3.1～4.9 cm，平均 4.01 cm，体重范围为 1.53～5.02 g，平均 2.88 g；夏季体长范围为 2.6～7.5 cm，平均 3.94 cm，体重范围为 0.71～13.64 g，平均 2.63 g；秋季体长范围为 2.8～6.7 cm，平均 4.71 cm，体重范围为 0.85～

10.81 g，平均 4.35 g。全年鱼的体长-体重曲线呈显著幂函数关系，为 $W=0.051\ 9L^{2.818\ 1}$（$R^2=0.892\ 6$）（图 5-43）。按季节分，其体长-体重幂函数曲线中 b 系数依次为夏季 2.847 6、秋季 2.816 8 和春季 2.302 8。

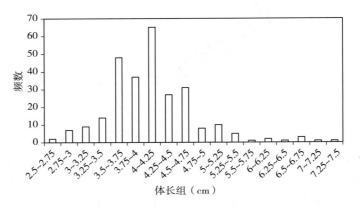

图 5-41　闽江口 2006 年鹿斑仰口鲾体长频度分布

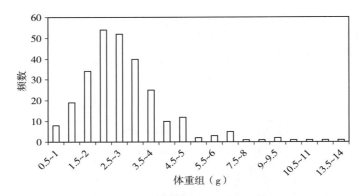

图 5-42　闽江口 2006 年鹿斑仰口鲾体重频度分布

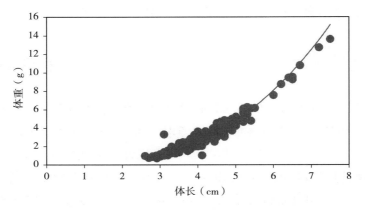

图 5-43　闽江口 2006 年鹿斑仰口鲾体长-体重关系

2006年，闽江口调查海域的4个季节平均水温为20.8℃。鹿斑仰口鲾极限体长为7.61 cm，K值为0.52，总死亡系数为1.58，自然死亡系数为1.49，捕捞死亡系数为0.09，开发率为0.06；捕捞可能性分析，体长小于2.86 cm的捕捞可能性小于0.25，小于3.06 cm的捕捞可能性小于0.5，小于3.15 cm的捕捞可能性小于0.75（图5-44）。

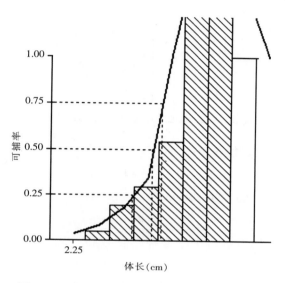

图5-44 闽江口2006年鹿斑仰口鲾可捕系数

二、2015 年渔获

全年调查显示，闽江口4个季节均采到鹿斑仰口鲾。全年体长分布为2.5～7.5 cm，其中，5～5.25 cm体长范围频数较高，占14.75%（图5-45）；体重分布为0.2～20.9 g，其中，3～6 g体重范围频数较高，占41.71%（图5-46）。

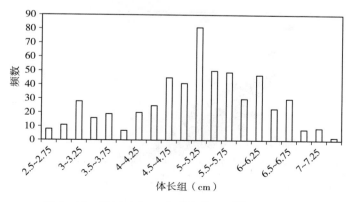

图5-45 闽江口2015年鹿斑仰口鲾体长频度分布

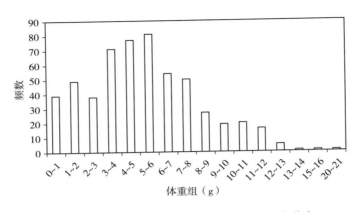

图 5-46 闽江口 2015 年鹿斑仰口鲾体重频度分布

2015 年鹿斑仰口鲾春季体长范围为 3.5～7.2 cm，平均 5.2 cm，体重范围为 1.4～10.1 g，平均 4.98 g；夏季体长范围为 2.5～7.5 cm，平均 4.9 cm，体重范围为 0.2～20.9 g，平均 5.6 g；秋季体长范围为 3.8～7.3 cm，平均 5.2 cm，体重范围为 2.0～15.2 g，平均 5.71 g；冬季体长范围为 4～5 cm，平均 4.5 cm，体重范围为 1.64～9.22 g，平均 3.25 g。全年鱼的体长-体重曲线呈显著幂函数关系，为 $W = 0.3L^{3.0899}$（$R^2 = 0.8965$）（图 5-47）。按季节分，其体长-体重幂函数曲线中 b 系数依次为冬季 3.255 5、夏季 3.215 5、秋季 2.770 3 和春季 2.122 4。

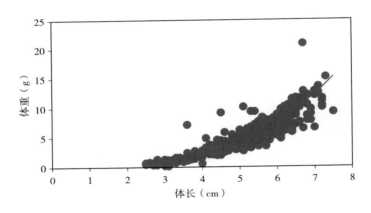

图 5-47 闽江口 2015 年鹿斑仰口鲾体长-体重关系

2015 年，闽江口调查海域的 4 个季节平均水温为 21.3 ℃。鹿斑仰口鲾极限体长为 7.61 cm，K 值为 1.5，总死亡系数为 3.74，自然死亡系数为 3.01，捕捞死亡系数为 0.73，开发率为 0.2；捕捞可能性分析，体长小于 4.24 cm 的捕捞可能性小于 0.25，小于 4.62 cm 的捕捞可能性小于 0.5，小于 4.90 cm 的捕捞可能性小于 0.75（图 5-48）。

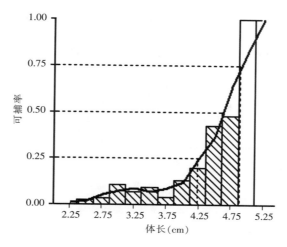

图 5 - 48　闽江口 2015 年鹿斑仰口鲾可捕系数

第七节　赤鼻棱鳀 [*Thryssa kammalensis* (Bleeker，1849)]

赤鼻棱鳀（*Thryssa kammalensis*），隶属于辐鳍鱼纲（Actinopterygii）、鲱形目（Clupeiformes）、鳀科（Engraulidae）、棱鳀属（*Thryssa*）。主要分布在印度洋至西太平洋，以及中国沿海等。属沿近海表层鱼类，栖息于浅海中上层或河口附近 1～20 m 水深，在长江口水域 4—5 月偶见，数量不多。赤鼻棱鳀为滤食性，以浮游动物为主，辅以多毛类、端脚类（郭学武和唐启升，2000；孙耀 等，2003）。

一、2006 年渔获

全年各季节中除了夏季均采到赤鼻棱鳀，全年体长分布为 5.1～11.1 cm，其中，6～10 cm 体长范围频数最高，占 90.74%（图 5 - 49）；体重分布为 1.1～16.45 g，其中，2～6 g 体重范围频数较多，占 60.10%（图 5 - 50）。

2006 年赤鼻棱鳀春季体长范围为 5.3～10.2 cm，平均 6.76 cm，体重范围为 1.73～9.77 g，平均 3.33 g；秋季体长范围为 7.1～11.1 cm，平均 9.13 cm，体重范围为 4.37～16.45 g，平均 9.13 g；冬季体长范围为 5.1～10.8 cm，平均 7.13 cm，体重范围为 1.1～16.44 g，平均 4.27 g。全年鱼的体长-体重曲线呈显著幂函数关系，为 $W = 0.007\,9L^{3.163}$（$R^2 = 0.930\,3$）（图 5 - 51）。按季节分，其体长-体重幂函数曲线中 b 系数依次为冬季 3.407 5、秋季 2.913 3 和春季 1.997 6。

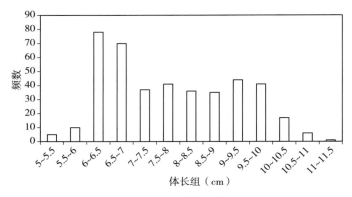

图 5 - 49　闽江口 2006 年赤鼻棱鳀体长频度分布

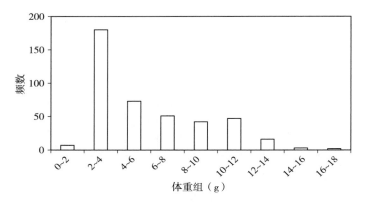

图 5 - 50　闽江口 2006 年赤鼻棱鳀体重频度分布

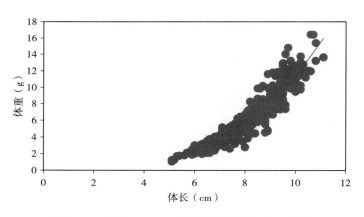

图 5 - 51　闽江口 2006 年赤鼻棱鳀体长-体重关系

　　2006 年闽江口调查海域的 4 个季节平均水温为 20.8 ℃。赤鼻棱鳀极限体长为 11.3 cm，K 值为 2.5，总死亡系数为 4.35，自然死亡系数为 3.72，捕捞死亡系数为 0.63，开发率为 0.14；捕捞可能性分析中，体长小于 5.28 cm 的捕捞可能性小于 0.25，小于 5.66 cm 的捕捞可能性小于 0.5，小于 6.06 cm 的捕捞可能性小于 0.75（图 5 - 52）。

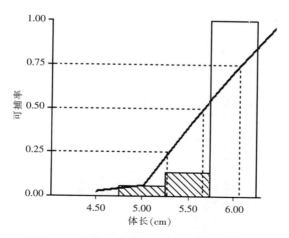

图 5-52　闽江口 2006 年赤鼻棱鳀可捕系数

二、2015 年渔获

闽江口 4 个季节均采到赤鼻棱鳀，全年体长分布为 4.8～10.5 cm，其中，6～7 cm 体长范围频数较高，占 47.70%（图 5-53）；体重分布为 0.6～15.6 g，其中，2～4 g 体重范围频数较高，占 51.46%（图 5-54）。

2015 年，赤鼻棱鳀春季体长范围为 4.8～10.5 cm，平均 6.6 cm，体重范围为 1.7～11.9 g，平均 3.32 g；夏季体长范围为 5.3～8.9 cm，平均 7.1 cm，体重范围为 0.6～9.5 g，平均 4.42 g；秋季体长范围为 7.2～10.3 cm，平均 8.7 cm，体重范围为 4.1～15.6 g，平均 7.95 g；冬季体长范围为 6～8 cm，平均 6.3 cm，体重范围为 1.30～5.00 g，平均 2.21 g。全年鱼的体长-体重曲线呈显著幂函数关系，为 $W=0.007\,1L^{3.217\,9}$（$R^2=0.876\,2$）（图 5-55）。按季节分，其体长-体重幂函数曲线中 b 系数依次为夏季 5.421 6、冬季 3.552 1、秋季 3.076 9 和春季 2.271 8。

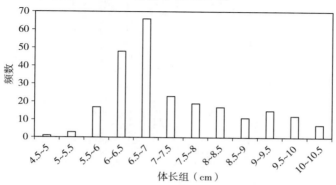

图 5-53　闽江口 2015 年赤鼻棱鳀体长频度分布

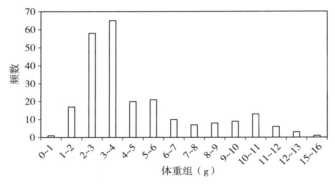

图 5-54　闽江口 2015 年赤鼻棱鳀体重频度分布

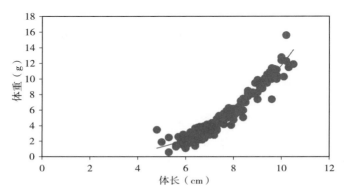

图 5-55　闽江口 2015 年赤鼻棱鳀体长-体重关系

2015 年，闽江口调查海域的 4 个季节平均水温为 21.3 ℃。赤鼻棱鳀极限体长为 10.5 cm，K 值为 0.52，总死亡系数为 1.00，自然死亡系数为 1.38，捕捞死亡系数为 −0.38，开发率为 −0.38；捕捞可能性分析，体长小于 5.15 cm 的捕捞可能性小于 0.25，小于 5.47 cm 的捕捞可能性小于 0.5，小于 5.86 cm 的捕捞可能性小于 0.75（图 5-56）。

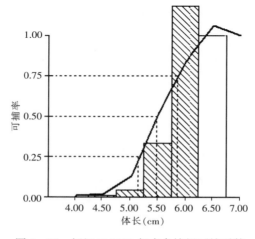

图 5-56　闽江口 2015 年赤鼻棱鳀可捕系数

第八节　皮氏叫姑鱼 [*Johnius belangerii* (Cuvier，1830)]

皮氏叫姑鱼（*Johnius belangerii*），隶属于辐鳍鱼纲（Actinopterygii）、鲈形目（Perciformes）、石首鱼科（Sciaenidae）、叫姑鱼属（*Johnius*）。主要分布在印度洋和太平洋西部，我国沿海均产之。皮氏叫姑鱼属暖水性近海近底层鱼类，喜栖息于泥沙底质和岩礁附近混浊度较高的水域，有昼夜垂直移动的习性，渔场大多在近岸浅海和河口区，以鱼鳔发声作为繁殖期时联络同类的信号。皮氏叫姑鱼为肉食性，随个体的生长饵料生物组成发生变化，幼鱼群体主要摄食端足类等小型底栖生物，之后逐渐过渡到鱼类和虾类等类群，并且大个体群体的饵料种类更加多样，主要饵料生物种类有褐菖鲉、六丝矛尾虾虎鱼和鳀等。同时皮氏叫姑鱼也是鳓和龙头鱼、海鳗、大黄鱼、带鱼、蓝点马鲛、牙鲆等鱼类的饵料生物，是鱼类群落中底栖、游泳动物食性同功能种群主要鱼种之一（郁尧山 等，1986a，1986b；窦硕增和杨纪明，1993；姜亚洲 等，2008）。

在不同海域群体中，皮氏叫姑鱼的体长、体重曲线生长参数 b 显示出较大分化，舟山群体与福建近海群体相似，在 3.1 左右（王家樵 等，2011；王凯 等，2012），显著高于珠江口水域群体的 2.876（李永振 等，2000）。黄海、渤海群体则最低，仅为 2.5745（唐启升，2006）。

此外，不同海域皮氏叫姑鱼的产卵期也不同：黄海、渤海群体产卵期为春季和夏季；长江口及邻近海区群体春季和夏季洄游到沿岸浅水域索饵和繁殖，鱼卵和仔稚鱼出现的时间为 6—10 月；福建沿海水域群体全年均有性成熟个体，但主要集中在春季和夏季；珠江口水域群体的产卵期为 5—7 月（杨东莱 等，1990；李永振 等，2000；唐启升，2006；王家樵 等，2011）。

2015 年渔获

全年闽江口各季节中除了冬季均采到皮氏叫姑鱼，全年体长分布为 5.3～17.3 cm，其中，8～16 cm 体长范围频数较高，占 82.61%（图 5-57）；体重分布为 3.0～114.9 g，其中，10～20 g 体重范围频数较高，占 28.26%（图 5-58）。

2015 年皮氏叫姑鱼春季体长范围为 9.3～13.8 cm，平均 10.9 cm，体重范围为 15.2～55.5 g，平均 27.76 g；夏季体长范围为 9.2～17.3 cm，平均 13.6 cm，体重范围

为 17.6～114.9 g，平均 59.96 g；秋季体长范围为 5.3～15.9 cm，平均 9.5 cm，体重范围为 3.0～107.4 g，平均 23.61 g。全年鱼的体长-体重曲线呈显著幂函数关系，为 $W = 0.001\,8L^{3.079\,5}$（$R^2 = 0.985\,1$）（图 5 - 59）。按季节分，其体长-体重幂函数曲线中 b 系数依次为春季 3.249 4、夏季 3.169 6 和秋季 3.104 7。

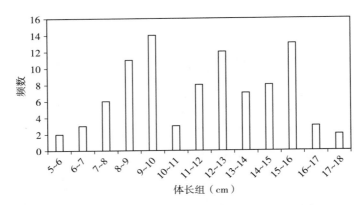

图 5 - 57　闽江口 2015 年皮氏叫姑鱼体长频度分布

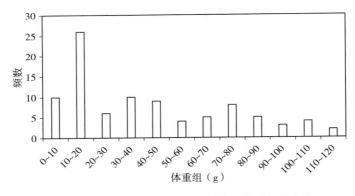

图 5 - 58　闽江口 2015 年皮氏叫姑鱼体重频度分布

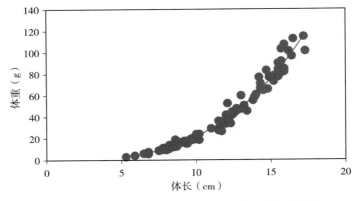

图 5 - 59　闽江口 2015 年皮氏叫姑鱼体长-体重关系

2015 年，闽江口调查海域的 4 个季节平均水温为 21.3 ℃。皮氏叫姑鱼极限体长为 17.85 cm，K 值为 0.63，总死亡系数为 0.83，自然死亡系数为 1.34，捕捞死亡系数为 -0.51，开发率为 -0.62；捕捞可能性分析，体长小于 5.84 cm 的捕捞可能性小于 0.25，小于 6.72 cm 的捕捞可能性小于 0.5，小于 7.62 cm 的捕捞可能性小于 0.75（图 5 - 60）。

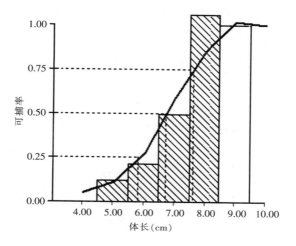

图 5 - 60　闽江口 2015 年皮氏叫姑鱼可捕系数

第九节　带鱼（*Trichiurus lepturus* Linnaeus，1758）

带鱼（*Trichiurus lepturus*），隶属于辐鳍鱼纲（Actinopterygii）、鲈形目（Perciformes）、带鱼科（Trichiuridae）、带鱼属（*Trichiurus*）。主要分布于西太平洋和印度洋，从中国的渤海、黄海、东海一直到南海都有分布，和大黄鱼、小黄鱼及乌贼并称为中国的四大海产。

中国沿海的带鱼可以分为南、北两大类：北方带鱼个体较南方带鱼大，在黄海南部越冬，春天游向渤海，形成春季鱼汛，秋天结群返回越冬地形成秋季鱼汛；南方带鱼每年沿东海西部边缘随季节不同作南北向移动，春季向北作生殖洄游，冬季向南作越冬洄游，东海带鱼有春汛和冬汛之分（林新耀 等，1965；王可玲 等，1993）。每年春天回暖水温上升时，带鱼成群游向近岸，由南至北行生殖洄游，是为捕捞季节；冬至时，水温降低，带鱼又游向水深处避寒。带鱼游泳能力相对较弱，有昼夜垂直移动的习惯，白天群栖息于海洋中、下水层，晚间活动于海水底层。静止时头向上、身体垂直，只靠背鳍及胸鳍的挥动，眼睛注视头上的动静，发现猎物时，背鳍就急速震动，身体弯曲，扑向食物。

带鱼是广食性肉食动物，位于海洋生态系统食物网中高营养层次，有关其摄食行为和捕食-被食关系所产生的下行效应研究，对控制海洋中上层-底层营养通道交换效率、调节种间关系、维持海洋生态系统稳定性具有十分重要的作用（颜云榕　等，2010）。对东海区 2002—2003 年调查的带鱼群体研究显示，其全年摄食的饵料种类数共有 60 余种，鱼类和甲壳类为其主要饵料类群。带鱼的食物组成存在季节差异，春季以细条天竺鲷、磷虾和带鱼为主要食物；夏季以带鱼、磷虾、糠虾和刺鲳为主要食物；秋季以口足类幼体、七星底灯鱼和竹荚鱼为主要食物；冬季以带鱼、七星底灯鱼、小带鱼和糠虾为主要食物。摄食强度的季节变化并不明显（林龙山　等，2006）。北部湾带鱼的食物主要由中上层鱼类、头足类、底栖甲壳类以及浮游动物等 40 余种饵料生物组成，以质量百分比为指标，优势饵料为蓝圆鲹、裘氏小沙丁鱼、少鳞犀鳕和尖吻小公鱼等鱼类以及中国枪乌贼（6.07％）等头足类（颜云榕　等，2012）。随发育变化，带鱼的食性类型和生态属性也发生了变化。小于 100 mm 的带鱼摄食中、上层生物，尽管体长在 101～150 mm 的带鱼摄食的中、上层生物减少，但仍超过了 60％；体长超过 150 mm 以后，带鱼垂直活动的能力增强，摄食生态位发生了转移和扩大，既摄食中、上层生物，也摄食相当比例（50％以上）的底层生物（张波，2004）。此外，带鱼有时呈现同类相食的现象。

一、2006 年渔获

闽江口 4 个季节仅冬季未采到带鱼，全年体长分布为 4.0～34.4 cm，其中，8～12 cm 和 21～26 cm 体长范围频数较高，分别占 41.67％和 34.26％（图 5 - 61）；体重分布为 0.74～498.00 g，其中，0.74～50 g 和 150～250 g 体重范围频数较高，分别占58.33％和 27.78％（图 5 - 62）。

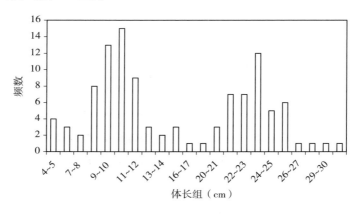

图 5 - 61　闽江口 2006 年带鱼体长频度分布

2006 年带鱼春季体长范围为 8.2～9.5 cm，平均 9.03 cm，体重范围为 6.41～14.63 g，平均 9.81 g；夏季体长范围为 4.0～34.4 cm，平均 20.04 cm，体重范围为 0.74～498.00 g，平均 166.23 g；秋季体长范围为 6.7～20.5 cm，平均 10.9 cm，体重范围为 2.51～104.11 g，平均 19.36 g。全年鱼的体长-体重曲线呈显著幂函数关系，为 $W = 0.008\,5L^{3.177\,5}$（$R^2 = 0.968\,2$）（图 5-63）。按季节分，其体长-体重幂函数曲线中 b 系数依次为夏季 3.092 6、秋季 2.997 7 和春季 1.946 9。

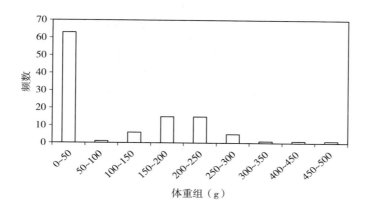

图 5-62　闽江口 2006 年带鱼体重频度分布

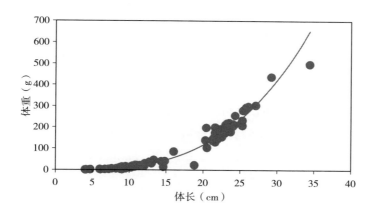

图 5-63　闽江口 2006 年带鱼体长-体重关系

2006 年，闽江口调查海域的 4 个季节平均水温为 20.8 ℃。带鱼极限体长为 30.45 cm，K 值为 0.34，总死亡系数为 0.49，自然死亡系数为 0.77，捕捞死亡系数为 -0.28，开发率为 -0.56；捕捞可能性分析，体长小于 3.34 cm 的捕捞可能性小于 0.25，小于 4.95 cm 的捕捞可能性小于 0.5，小于 6.42 cm 的捕捞可能性小于 0.75（图 5-64）。

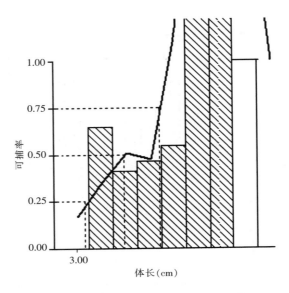

图 5 - 64　闽江口 2006 年带鱼可捕系数

二、2015 年渔获

全年仅夏季和秋季采到带鱼，全年体长分布为 7.4～18.5 cm，其中，11～18 cm 体长范围频数较高，占 85.14%（图 5 - 65）；体重分布为 3.0～122.5 g，其中，20～70 g 体重范围频数较高，占 79.73%（图 5 - 66）。

2015 年带鱼夏季体长范围为 7.4～18.5 cm，平均 15.4 cm，体重范围为 3.0～122.5 g，平均 52.43 g；秋季体长范围为 8.8～13.0 cm，平均 11.4 cm，体重范围为 12.7～40.3 g，平均 25.59 g。全年鱼的体长-体重曲线呈显著幂函数关系，为 $W = 0.022\,2L^{2.825\,9}$（$R^2 = 0.911$）（图 5 - 67）。按季节分，其体长-体重幂函数曲线中 b 系数依次为夏季 3.196 和秋季 3.010 5。

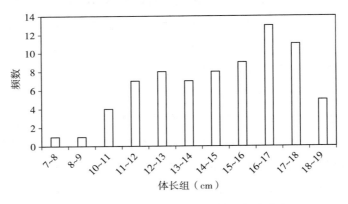

图 5 - 65　闽江口 2015 年带鱼体长频度分布

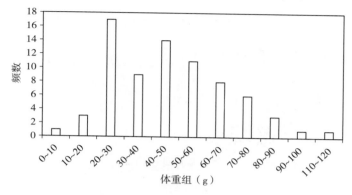

图 5-66　闽江口 2015 年带鱼体重频度分布

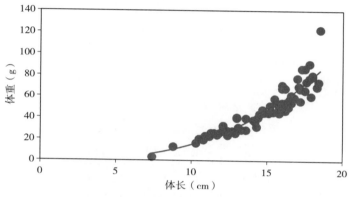

图 5-67　闽江口 2015 年带鱼体长-体重关系

2015 年，闽江口调查海域的 4 个季节平均水温为 21.3 ℃。带鱼极限体长为 18.90 cm，K 值为 1.3，总死亡系数为 0.81，自然死亡系数为 2.13，捕捞死亡系数为 -1.32，开发率为 -1.62；捕捞可能性分析，体长小于 9.39 cm 的捕捞可能性小于 0.25，小于 10.22 cm 的捕捞可能性小于 0.5，小于 11.09 cm 的捕捞可能性小于 0.75（图 5-68）。

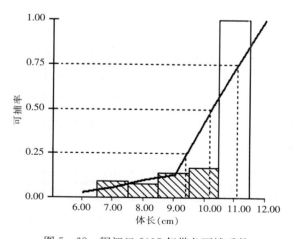

图 5-68　闽江口 2015 年带鱼可捕系数

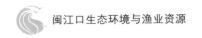

第十节 白姑鱼 [*Pennahia argentatus*
（Houttuyn，1782）]

白姑鱼（*Pennahia argentatus*），隶属于辐鳍鱼纲（Actinopterygii）、鲈形目（Perciformes）、石首鱼科（Sciaenidae）、白姑鱼属（*Pennahia*）。主要分布于热带、亚热带、暖温带的西北太平洋区，包括中国南海、东海及黄海南部。白姑鱼主要栖息于水深 40 m 以浅沙泥底海域，生殖期聚群向近岸洄游，以小型鱼类、甲壳类等为食。春季，白姑鱼开始向长江口和浙江近海集群，主要集中在闽东海域。4—5 月，浙江外海白姑鱼的产量开始变多，东海北部外海的鱼群聚集并开始游向近岸。夏季出现块状高产区，大致分布在黄海南部、长江口、舟山及其邻近水域。之后高产区继续北移，进一步向北、向外海扩大，黄海近海大部分海域皆有分布。秋季白姑鱼进入越冬洄游阶段，鱼群聚集程度已趋向消散，而且向南移动，浙江中部海域开始出现次高产量。冬季，长江口的高产区大多消失，少量鱼群分别继续往南移动，渔获区主要集中在东海中部近海和黄海中部（陈佳杰和徐兆礼，2011）。

一、2006 年渔获

2006 年调查表明，闽江口仅有夏季采到白姑鱼，全年体长分布为 3.6～12.2 cm，其中，4.5～7 cm 和 9.5～12.0 cm 体长范围频数较高，分别占 42.42% 和 36.36%（图 5-69）；体重分布为 1.42～47.80 g，其中，0～10 g 体重范围频数较多，占 51.52%（图 5-70）。

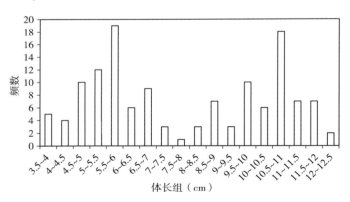

图 5-69　闽江口 2006 年白姑鱼体长频度分布

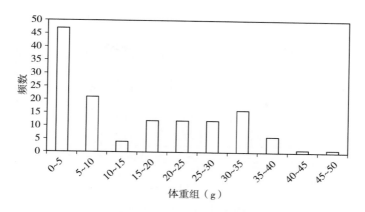

图 5-70　闽江口 2006 年白姑鱼体重频度分布

2006 年白姑鱼夏季体长范围为 3.6～12.2 cm，平均 7.77 cm；体重范围为 1.42～47.80 g，平均 15.01 g。全年鱼的体长-体重曲线呈显著幂函数关系，为 $W=0.032\ 3L^{2.859\ 9}$（$R^2=0.983\ 8$）（图 5-71）。

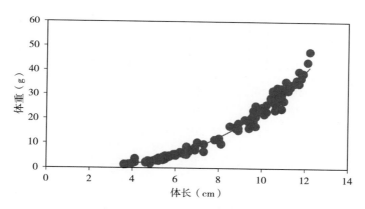

图 5-71　闽江口 2006 年白姑鱼体长-体重关系

二、2015 年渔获

全年 4 个季节除了冬季均采到白姑鱼，全年体长分布为 3.2～12.8 cm，其中，7～11 cm 体长范围频数较高，占 72.38%（图 5-72）；体重分布为 0.6～48.3 g，其中，0.6～20 g 体重范围频数较高，占 88.40%（图 5-73）。

2015 年春季仅捕获 1 尾白姑鱼，体长 11.9 cm，体重 32.1 g；夏季体长范围为 3.2～11.0 cm，平均 7.8 cm，体重范围为 0.6～41.1 g，平均 11.66 g；秋季体长范围为 5.8～12.8 cm，平均 9.5 cm，体重范围为 4.2～48.3 g，平均 22.81 g。全年鱼的体长-体重曲线呈显著幂函数关系，为 $W=0.015\ 6L^{3.152}$（$R^2=0.952\ 5$）（图 5-74）。按季节分，其体长-体重幂函数曲线中 b 系数依次为夏季 3.127 6 和秋季 3.052 6。

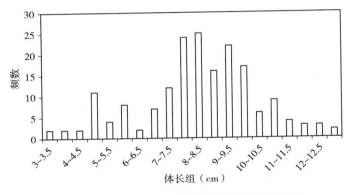

图 5 - 72　闽江口 2015 年白姑鱼体长频度分布

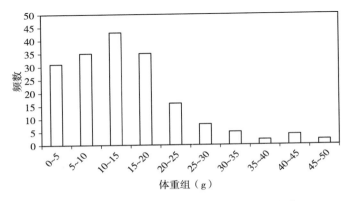

图 5 - 73　闽江口 2015 年白姑鱼体重频度分布

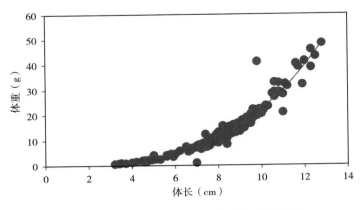

图 5 - 74　闽江口 2015 年白姑鱼体长-体重关系

2015 年，闽江口调查海域的 4 个季节平均水温为 21.3 ℃。白姑鱼极限体长为13.13 cm，K 值为 0.38，总死亡系数为 0.97，自然死亡系数为 1.05，捕捞死亡系数为 −0.08，开发率为 −0.08；捕捞可能性分析，体长小于 6.57 cm 的捕捞可能性小于 0.25，小于 6.97 cm 的捕捞可能性小于 0.5，小于 7.42 cm 的捕捞可能性小于 0.75（图 5 - 75）。

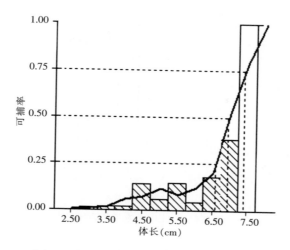

图 5-75 闽江口 2015 年白姑鱼可捕系数

第十一节 短吻三线舌鳎 [*Cynoglossus abbreviatus* (Gray，1834)]

短吻三线舌鳎（*Cynoglossus abbreviatus*），隶属于辐鳍鱼纲（Actinopterygii）、鲽形目（Pleuronectiformes）、舌鳎科（Trichiuridae）、舌鳎属（*Cynoglossus*）。分布于印度-西太平洋区，由印度尼西亚至日本及韩国等。我国台湾西部及澎湖海域有产。栖息于近海大陆棚泥沙底质海域，为中大型鱼类，以底栖之无脊椎动物为食。

一、2006 年渔获

全年闽江口 4 个季节除了夏季均采到短吻三线舌鳎，全年体长分布为 7.5～30.1 cm，其中，15～22.5 cm 体长范围频数最高，占 56.25%（图 5-76）；体重分布为 4.69～177.54 g，其中，4.69～50 g 体重范围频数较多，占 76.04%（图 5-77）。

2006 年短吻三线舌鳎春季体长范围为 7.5～27.6 cm，平均 13.79 cm，体重范围为 6.37～115.2 g，平均 23.95 g；秋季体长范围为 15.9～30.1 cm，平均 21.39 cm，体重范围为 20.86～177.54 g，平均 58.18 g；冬季体长范围为 7.8～28.5 cm，平均 18.77 cm，体重范围为 4.69～163.18 g，平均 45.46 g。全年鱼的体长-体重曲线呈显著幂函数关系，为 $W = 0.083\,6L^{2.089\,9}$（$R^2 = 0.909$）（图 5-78）。按季节分，其体长-体重幂函数曲线中 b 系数依次为秋季 3.191 5、冬季 2.959 和春季 1.748 4。

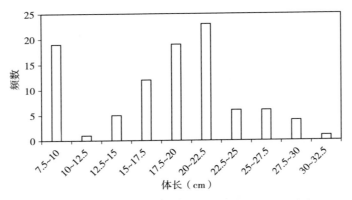

图 5 - 76 闽江口 2006 年短吻三线舌鳎体长频度分布

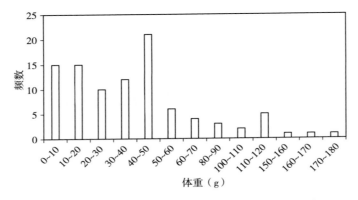

图 5 - 77 闽江口 2006 年短吻三线舌鳎体重频度分布

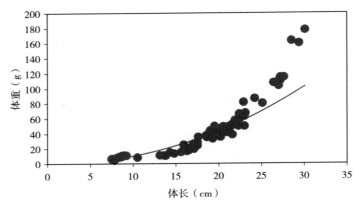

图 5 - 78 闽江口 2006 年短吻三线舌鳎体长-体重关系

　　2006 年，闽江口调查海域的 4 个季节平均水温为 20.8 ℃。短吻三线舌鳎极限体长为 31.50 cm，K 值为 0.66，总死亡系数为 1.59，自然死亡系数为 1.17，捕捞死亡系数为 0.42，开发率为 0.26；捕捞可能性分析，体长小于 12.94 cm 的捕捞可能性小于 0.25，小于 14.86 cm 的捕捞可能性小于 0.5，小于 16.99 cm 的捕捞可能性小于 0.75（图 5 - 79）。

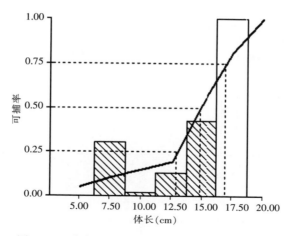

图 5-79　闽江口 2006 年短吻三线舌鳎可捕系数

二、2015 年渔获

全年闽江口 4 个季节均采到短吻三线舌鳎，全年体长分布为 8~31 cm，其中，10~19 cm 体长范围频数较高，占 75.79%（图 5-80）；体重分布为 0.9~180.4 g，其中，0.9~20 g 体重范围频数较高，占 57.30%（图 5-81）。

2015 年，短吻三线舌鳎春季体长范围为 12~31 cm，平均 17.84 cm，体重范围为 8.7~180.4 g，平均 38.48 g；夏季体长范围为 8~26 cm，平均 12.48 cm，体重范围为 1.2~104.1 g，平均 13.20 g；秋季体长范围为 10~25 cm，平均 14.72 cm，体重范围为 3.6~121.2 g，平均 19.78 g；冬季体长范围为 10~28 cm，平均 16.23 cm，体重范围为 0.9~155.5 g，平均 27.30 g。全年鱼的体长-体重曲线呈显著幂函数关系，为 $W = 0.001\,8L^{3.376\,4}$（$R^2 = 0.939\,5$）（图 5-82）。按季节分，其体长-体重幂函数曲线中 b 系数依次为夏季 3.412 4 和秋季 3.375 0、冬季 3.284 7、春季 3.232 6。

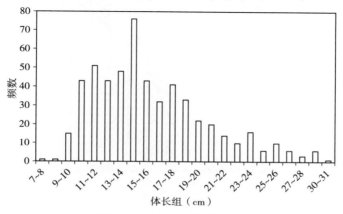

图 5-80　闽江口 2015 年短吻三线舌鳎体长频度分布

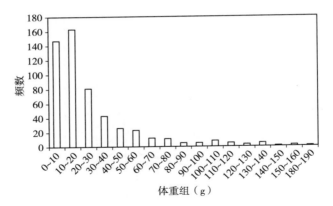

图 5 - 81 闽江口 2015 年短吻三线舌鳎体重频度分布

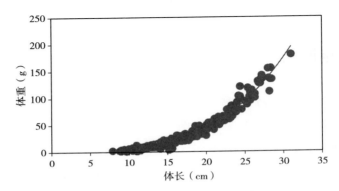

图 5 - 82 闽江口 2015 年短吻三线舌鳎体长-体重关系

2015 年，闽江口调查海域的 4 个季节平均水温为 21.3 ℃。短吻三线舌鳎极限体长为 31.50 cm，K 值为 0.32，总死亡系数为 0.86，自然死亡系数为 0.74，捕捞死亡系数为 0.12，开发率为 0.14；捕捞可能性分析，体长小于 8.96 cm 的捕捞可能性小于 0.25，小于 9.95 cm 的捕捞可能性小于 0.5，小于 11.41 cm 的捕捞可能性小于 0.75（图 5 - 83）。

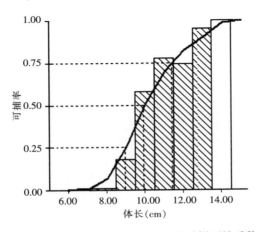

图 5 - 83 闽江口 2015 年短吻三线舌鳎可捕系数

第十二节　银鲳 [*Pampus argenteus* (Euphrasen，1788)]

银鲳（*Pampus argenteus*），隶属于辐鳍鱼纲（Actinopterygii）、鲈形目（Perciformes）、鲳科（Stromateidae）、鲳属（*Pampus*）。主要分布于北美洲和南美洲沿海、大西洋非洲沿海和印度-西太平洋等海域，在我国广泛分布于黄海、渤海、东海和南海等水域，是我国重要的经济鱼类之一（刘效舜，1990），历史上最高年产量曾达 4.4 万 t（赵传纲 等，1990）。银鲳属近海暖温性水域中下层鱼类，可分为黄海、渤海种群和东海种群。每年秋末，在沿岸河口索饵的黄海、渤海种群银鲳群体开始向黄海中南部集结，冬季主要群体南移至济州岛西南越冬场越冬。春季银鲳开始由越冬场沿黄海暖流北上，向黄渤海的大陆沿岸产卵场洄游。夏、秋季为银鲳的索饵期，索饵场与产卵场基本重叠，到秋末随水温的下降，在沿岸索饵的银鲳向黄海中南部集群，在黄海暖流区南下（袁杨洋 等，2009）。

银鲳消化系统具有特别的器官——食道侧囊（oesophageal sac），是由食道壁特化而来，呈长椭圆形，表面黑褐色，肌肉壁较厚。囊内密生带针状角质棘的乳突，乳突表面为不规则鳞片状，基部有多条辐状骨质根纵横交错（孟庆闻 等，1987）。食物进入胃之前被食道侧囊充分碾磨，导致胃含物呈糜状，消化充分。多数学者认为银鲳为浮游生物食性（Suyehiro，1942；Rege et al，1963；陈大刚，1991；杨纪明，2001），但也有学者认为银鲳为底栖生物食性（Pati，1980），或者浮游生物兼底栖生物食性（邓景耀 等，1997；Dadzie，2000）。应用同位素技术显示，东海银鲳食物主要为箭虫，以及虾类、水母类、头足类、仔稚鱼和浮游动物等（彭士明 等，2011）。幼鱼时，常与漂浮物体随潮流而走。主要捕食水母、底栖无脊椎动物及小鱼等。

银鲳是重要的经济鱼种，价值较高，是流刺网专捕对象，也是定置网、张网、底拖网和围网的兼捕对象，从近年来的渔业资源调查及监测结果来看，其年龄结构、长度组成、大量性成熟年龄等生物学指标和资源密度指数均逐渐趋小，资源状况堪忧（曹正光和赵利华，1995；柳卫海和詹秉义，1999）。

根据河北沿岸渔业资源调查显示，2007 年银鲳成鱼的平均叉长为 134.60 mm，比1984 年的 197.49 mm 缩减了 31.85%；2007 年银鲳成鱼平均体重为 99.72 g，比 1984 年的 114.34 g 减少了 12.79%；这说明银鲳资源呈现低龄化和小型化的趋势（许玉甫 等，2009）。珠江口及其附近水域银鲳的平均生长速率要高于东海银鲳，其平均生长速率有增

加的趋势（舒黎明和邱永松，2005）

一、2006 年渔获

闽江口全年 4 个季节均采到银鲳，全年体长分布为 2.9～20.2 cm，其中 3～5 cm 体长范围频数最高，占 58.62%（图 5-84）；体重分布为 0.58～263.6 g，其中 0.58～5 g 体重范围频数较多，占 68.97%（图 5-85）。

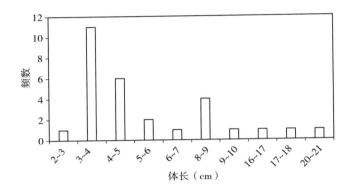

图 5-84 闽江口 2006 年银鲳体长频度分布

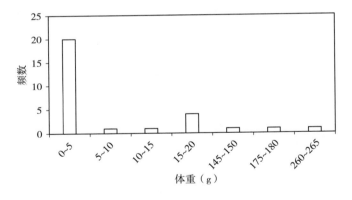

图 5-85 闽江口 2006 年银鲳体重频度分布

2006 年银鲳春季体长范围为 2.9～6.3 cm，平均 4.05 cm，体重范围为 0.58～6.49 g，平均 1.70 g；夏季体长范围为 8.6～20.2 cm，平均 15.17 cm，体重范围为 19.3～263.6 g，平均 143.26 g；秋季仅捕获 1 尾，体长 17.8 cm，体重 177.75 g；冬季体长范围为 8.1～9.7 cm，平均 8.83 cm，体重范围为 14.23～18.70 g，平均 17.34 g。全年鱼的体长-体重曲线呈显著幂函数关系，为 $W = 0.016\,4L^{3.214\,1}$（$R^2 = 0.992\,4$）（图5-86）。按季节分，其体长-体重幂函数曲线中 b 系数依次为夏季 3.060 7、春季 3.038 和冬季 1.090 3。

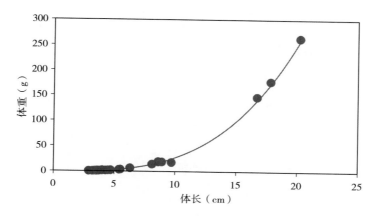

图 5－86　闽江口 2006 年银鲳体长-体重关系

二、2015 年渔获

闽江口 2015 年调查 4 个季节均采到银鲳，全年体长分布为 2.6～19.8 cm，其中，3.5～7.5 cm 体长范围频数较高，占 77.61%（图 5－87）；体重分布为 1.0～469.8 g，其中，1.0～20 g 体重范围频数较高，占 82.09%（图 5－88）。

2015 年，银鲳春季体长范围为 2.6～15.5 cm，平均 5.7 cm，体重范围为 1.0～109.3 g，平均 9.56 g；夏季体长范围为 12.8～14.8 cm，平均 13.6 cm，体重范围为 76.9～104.6 g，平均 87.06 g；秋季体长范围为 7.2～19.8 cm，平均 14.7 cm，体重范围为 20.7～469.8 g，平均 180.98 g；冬季体长范围为 7～9 cm，平均 7.6 cm，体重范围为 11.7～20.0 g，平均 15.15 g。全年鱼的体长-体重曲线呈显著幂函数关系，为 $W = 0.042L^{2.9399}$（$R^2 = 0.9687$）（图 5－89）。按季节分，其体长-体重幂函数曲线中 b 系数依次为春季 2.785 6、夏季 1.736 4 和秋季 2.969 4、冬季 2.845 9。

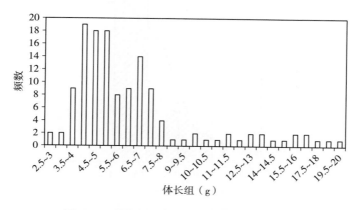

图 5－87　闽江口 2015 年银鲳体长频度分布

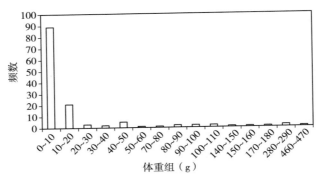

图 5 - 88　闽江口 2015 年银鲳体重频度分布

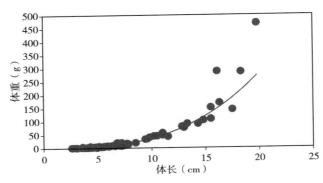

图 5 - 89　闽江口 2015 年银鲳体长-体重关系

2015 年，闽江口调查海域的 4 个季节平均水温为 21.3 ℃。银鲳极限体长为20.48 cm，K 值为 0.13，总死亡系数为 0.33，自然死亡系数为 0.46，捕捞死亡系数为一0.13，开发率为一0.409；捕捞可能性分析，体长小于 2.54 cm 的捕捞可能性小于 0.25，小于 2.78 cm 的捕捞可能性小于 0.5，小于 3.02 cm 的捕捞可能性小于 0.75（图 5 - 90）。

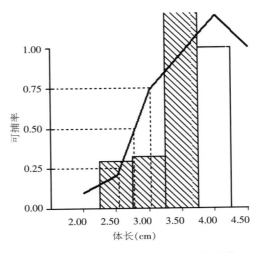

图 5 - 90　闽江口 2015 年银鲳可捕系数

第十三节　其他种类

一、口虾蛄〔*Oratosquilla oratoria*（De Haan，1844）〕

口虾蛄（*Oratosquilla oratoria*），隶属于软甲纲（Malacostraca）、口足目（Stomatopoda）、虾蛄科（Squillidae）、虾蛄属（*Oratosquilla*）。俗称虾爬子、螳螂虾等，广泛分布于热带及亚热带海域，在我国近海海区 5～60 m 水深处均有发现，多穴居，常在浅海沙底或泥沙底掘穴，每个个体都拥有自己独立的 U 形洞穴。多年生大型甲壳类，1 周年性成熟。口虾蛄性情凶猛，视觉十分敏锐，善于游泳，寻找食物主要依赖嗅觉、化学传感器和两对触角的触觉功能，当它接近某个猎物并辨认为攻击对象后，再迅速发起攻击。口虾蛄肉食性，食谱较广，包括小型甲壳类、双壳类、多毛类、小型鱼类、桡足类及藻类等（宁加佳 等，2016）。在接近猎物时，猎物能否及时逃脱是其捕食成功的关键，鱼类和虾类移动能力强，桡足类和蟹类次之，而贝类的移动能力最差，因而更易被口虾蛄所摄食。口虾蛄食性常因不同季节、不同海区、饵料生物的密度变化、本身的性别及大小等而有差别。同时，口虾蛄又被其他重要经济鱼类如鲈和真鲷等摄食，从而成为连接海洋底层和中上层食物网的重要纽带。

口虾蛄的生活周期可划分为四个阶段：蜕皮与生长阶段、越冬阶段、性腺生长与成熟阶段、产卵与排精阶段。口虾蛄的生长是不连续的，其生长必须通过蜕壳才能完成，成体的长度随着蜕皮呈阶梯形生长，具明显的季节性变化，夏末至秋末生长速度最快，体重与体长的关系呈函数相关，其关系式为：$W=0.015\ 58L^{2.91}$（$R^2=0.981$）（王春琳和徐善良，1996）。

对浙江北部口虾蛄进行食物组成分析，结果显示，虾类出现频率最高，主要有对虾科、管鞭虾科、长臂虾科等种类；鱼类次之，主要有银鱼科、虾虎鱼科和带鱼科等种类；贝类中有头足类和双壳类等。在胃含物中，同时也存在虾蛄的残片，说明有自我残杀现象（徐善良等，1996）。大连周边北黄海海域 2004 年 2 月至 2005 年 1 月渔获物中，口虾蛄头胸甲长1.29～3.51 cm，体长 5.87～16.91 cm，平均体长 11.60 m；体重 2.8～68.0 g，平均体重25.1 g，体长-体重关系式为 $W=0.015\ 6L^{2.986\ 4}$（$R^2=0.956\ 8$）。生长过程中，雄性体重增长快于雌性体重的增长；相同体长的雌雄口虾蛄，初期雌性体重大于雄性；随着体长增加，雄性体重逐渐超过雌性（徐海龙 等，2010）。青岛沙子口 2007—2008 年渔获中，雌性口虾蛄的平均体长范围为 95.86～114.93 mm，雄性口虾蛄的平均体长范围为 97.32～121.42 mm。摄食强度存在明显的季节变化，冬季饵料生物种类和密度均为全年最低，摄食强度也较低；春季水温回升，饵料生物增多，随性腺发育加快营养需求增加，摄食强度增大，至 3 月达到最大；此后摄食强度开始减弱，至 5 月下旬、6 月初口虾蛄性腺发育基本完成进入繁殖盛期，摄食强度减至最小（盛福利 等，2009）。天津海域 2009 年渔获物中，口虾蛄全年的平均体长为 101.72 mm，平均体重为 17.12 g，显著低于 2000 年渔获物平均体重 27.96 g（雄）和 25.07 g（雌），说明口虾蛄已出现小型化趋势（谷德贤和刘茂利，2011）。2011 年海州湾调查，口虾蛄主要分布在近岸 20 m 等深线以内的海域，分布密度主要受水温、盐度和叶绿素 a 影响。全年体长范围为 25～170 mm，平均体长（102.20±0.65）mm，生长具有明显的季节变化，冬季出现补充群体（许莉莉 等，2017）。2011—2012 年莱州湾口虾蛄体长范围为 41～171 mm，体重范围为 0.30～68.00 g。5—7 月主要分布在黄河口、龙口近岸等浅水区进行产卵，8 月开始向深水区迁移，9 月至翌年 3 月主要分布在深水区，4 月开始返回近岸水域。个体数密度主要受海表温度影响，其次是盐度、水深、浮游动物等因素（吴强 等，2015）。2012 年辽东湾调查表明，口虾蛄主要出现在低盐高温水域，全年体长范围 50～140 mm。此海区口虾蛄为常年定居型地方性种群，季节性迁移距离不大，冬季 12 月至翌年 3 月低温期向深水区移动，营越冬生活。越冬期过后，口虾蛄进入性腺生长和成熟阶段，开始大量摄食，进行繁殖育肥，而后进入春夏季繁殖期进行产卵（刘修泽 等，2014）。

闽江口 2015 年调查表明，4 个季节均采到口虾蛄，春季体长范围为 40～140 mm，平均 100 mm，体重范围为 1.7～33.0 g，平均 13.1 g；夏季体长范围为 50～125 mm，平均 98 mm，体重范围为 1.8～29.9 g，平均 13.1 g；秋季体长范围为 48～129 mm，平均 95 mm，体重范围为 3.7～31.4 g，平均 12.4 g；冬季体长范围为 47～158 mm，平均 107 mm，体重范围为 0.6～34.0 g，平均 15.7 g。全年鱼的体长-体重曲线呈显著幂函数关系，为 $W=0.0226L^{2.7526}$（$R^2=0.8790$）（图 5-91）。按季节分，其体长-体重幂函数系数 b 依次为春季 2.8563、冬季 2.7938、夏季 2.5712，均显著低于秋季 3.0952（$P<0.001$）。

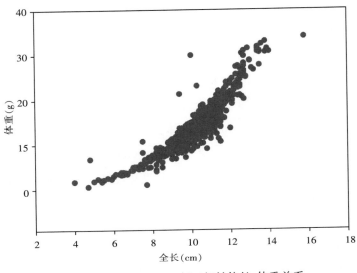

图 5-91　闽江口 2015 年口虾蛄体长-体重关系

二、日本蟳 $[Charybdis\ japonica\ (A.\ Milne\text{-}Edwards,\ 1861)]$

日本蟳（$Charybdis\ japonica$），隶属于软甲纲（Malacostraca）、十足目（Decapoda）、梭子蟹科（Portunidae）、蟳属（$Charybdis$）。北方俗称"赤甲红""海红""沙蟹"等，浙江等地俗称"石奇角""石蟹""石蜞蟒"等。国外分布于日本、朝鲜以及东南亚等地；在我国广泛分布于渤海、黄海、东海、南海沿岸岛礁区及浅海水域，是最常见的蟹类之一。日本蟳属广温广盐性广布种，一般生活于低潮线、有水草或泥沙的水底以及或潜伏于石块下，生命周期短，其群体以当年生的补充群体为主。主要摄食甲壳类，兼食藻类、鱼类和贝类，有时也食动物的尸体和水藻等。

1998—1999 年，在东海测得日本蟳甲长分布范围为 24～75 mm，平均甲长为 43.0 mm；甲宽分布范围为 38～105 mm，平均甲宽为 62.1 mm；体重分布范围为 8～240 g，平均体重为 51.8 g，甲宽-体重的关系为 $W（雌）=3.027\ 4\times10^{-4}L^{2.891\ 0}$（$R^2=0.994$）和 $W（雄）=6.528\ 0\times10^{-3}L^{3.201\ 1}$（$R^2=0.982$）（俞存根 等，2005）。1994—1996 年，对闽南-台湾浅滩渔场调查显示，日本蟳甲宽分布范围为 42～101 mm，平均甲宽为 67.0 mm；体重分布范围为 13～190 g，平均体重为 58.4 g，甲宽-体重关系呈幂函数关系，其雌雄性甲宽-体重的关系式分别为 $W（雌）=2.347\ 6\times10^{-4}L^{2.939\ 0}$（$R^2=0.994\ 6$）和 $W（雄）=1.890\ 1\times10^{-4}L^{2.992\ 6}$（$R^2=0.994\ 2$）（叶孙忠 等，2002）。

闽江口 2015 年日本蟳全年头胸甲长为 13～121 mm，平均 55 mm，体重 1.0～160.1 g，平均 37.1 g，头胸甲长-体重关系式为 $W=0.868\ 9L^{2.129\ 8}$（$R^2=0.783\ 5$）（图 5-92）。其中，春季

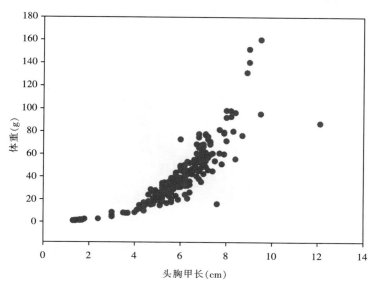

图 5-92　闽江口 2015 年日本蟳头胸甲长-体重关系

头胸甲长 42～79 mm，平均 58 mm，体重 12.5～79.2 g，平均 39.8 g；夏季头胸甲长 13～70 mm，平均 34 mm，体重 1.0～66.6 g，平均 16.2 g；秋季头胸甲长 24～84 mm，平均 58 mm，体重 2.8～98.1 g，平均 33.0 g；冬季头胸甲长 30～121 mm，平均 65 mm，体重 6.0～160.1 g，平均 48.2 g。可以看出，冬季的个体最大；而夏季的个体显著小于其他 3 个季节（$P < 0.001$）。

三、细巧仿对虾［*Parapenaeopsis tenella*（Spence Bate，1888）］

细巧仿对虾（*Parapenaeopsis tenella*），隶属于软甲纲（Malacostraca）、十足目（Decapoda）、对虾科（Penaeidae）、仿对虾属（*Parapenaeopsis*）。俗称红虾、红须头虾，主要分布于我国东部和北部海域，如辽宁、河北、山东、江苏到浙江沿岸均产，主要产区为长江口近海咸水区域及下游，尤其是浙江嵊泗县的泗礁、黄龙、花鸟、绿华的北部海域。细巧仿对虾属游泳型虾类，平时都在水层中营游泳生活，无爬行的附肢，因而不能在水底爬行。杂食性，多以浮游生物为饵，同时也是各种肉食性鱼类的主要饵料。

2015 年，闽江口细巧仿对虾春夏秋 3 个季节渔获量较大，显著高于秋季（$P < 0.001$）。全年体长 22～89 mm，平均 46 mm，体重 0.2～4.6 g，平均 1.1 g，体长-体重关系曲线为 $W = 0.017\,1L^{2.674\,7}$（$R^2 = 0.824\,8$）（图 5-93）。其中，春季细巧仿对虾体长 37～89 mm，平均 55 mm，体重 0.6～4.6 g，平均 2.0 g；夏季体长 22～55 mm，平均 40 mm，体重 0.2～2.0 g，平均 0.8 g；秋季体长 26～62 mm，平均 42 mm，体重 0.4～2.4 g，平均 0.9 g；冬季体长 28～66 mm，平均 47 mm；体重 0.3～2.1 g，平均

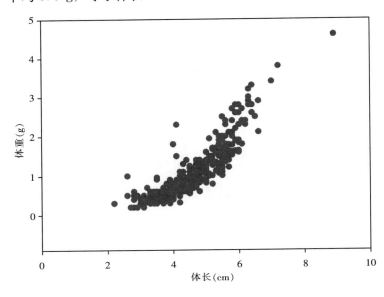

图 5-93　闽江口 2015 年细巧仿对虾体长-体重关系

1.0 g。体重增长系数夏秋冬 3 个季节都在 2.60～2.70，显著高于春季的 2.21（$P<$ 0.001）。

四、周氏新对虾 $[Metapenaeus\ joyneri\ (\text{Miers，} 1880)]$

周氏新对虾（*Metapenaeus joyneri*），隶属于软甲纲（Malacostraca）、十足目（Decapoda）、对虾科（Penaeidae）、新对虾属（*Metapenaeus*）。俗称黄虾、沙虾、站虾、麻虾、羊毛虾和河虾等。广泛分布于我国东南沿海及日本、朝鲜沿海，栖息于海岸沙地和红树林附近之沙底海域，是我国重要经济虾类。周氏新对虾是广食性虾类，幼体阶段以浮游生物为食，与其他对虾类相同；成体则以底栖动物为主，兼食底层浮游动物及游泳生物，其食物组成主要有多毛类、有孔类、端足类、双壳类、腹足类、介形类、桡足类、游泳虾类等。

春季表层水温上升，周氏新对虾种虾离开越冬场，向近海生殖洄游，并分散于沿岸 20 m 水深以内的海域索饵，形成了以越冬个体为主的第一个数量高峰；春末至秋初都为产卵季节，因亲体产卵后一般死亡，繁殖季节后群体数量有所下降，但新生个体（补充群）摄食强度大，发育生长迅速，到秋季形成以新生个体为主的另一个数量高峰；冬季随着水温下降，周氏新对虾自沿岸浅水向较深处集结而开始其越冬洄游，因而成为浅海（随后成为深海）渔业捕捞的主要对象（孙春录 等，1997；王兴强 等，2005）。1990—1996 年对黄海连东渔场及大沙渔场东部的周氏新对虾越冬群体调查显示，其种群体长范围为 60～100 mm，平均体长 86.12 mm；体重范围为 3.0～11.0 g，平均体重 5.43 g；体长-体重关系式为 $W=1.040\ 9\times10^{-5}L^{3.007\ 2}$（孙春录 等，1997）。

2015 年，闽江口周氏新对虾全年体长 50～125 mm，平均 90 mm；体重 1.4～15.4 g，平均 6.5 g。体长-体重关系曲线为 $W=0.035\ 3L^{2.355\ 9}$（$R^2=0.740\ 0$）（图 5-94）。其

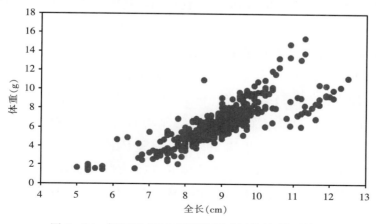

图 5-94　闽江口 2015 年周氏新对虾体长-体重关系

中，春季周氏新对虾体长 51～125 mm，平均 96 mm，体重 4.4～15.4 g，平均 7.7 g；夏季体长 50～113 mm，平均 84 mm，体重 1.4～15.4 g，平均 6.1 g；秋季体长 64～97 mm，平均 83 mm，体重 2.1～11.0 g，平均 5.2 g；冬季体长 72～104 mm，平均 91 mm，体重 2.9～11.9 g，平均 6.4 g。体重增长系数以夏季居高，为 2.838 2；依次是冬季 2.801 5、秋季 2.096 9、春季 1.156 5，各季节间均存在显著性差异（$P <$ 0.001）。

五、三疣梭子蟹［*Portunus trituberculatus*（Miers，1876）］

三疣梭子蟹（*Portunus trituberculatus*），隶属于软甲纲（Malacostraca）、十足目（Decapoda）、梭子蟹科（Portunidae）、梭子蟹属（*Portunus*）。主要分布于日本、朝鲜、马来群岛、红海以及中国沿海，栖于近岸软泥、沙泥底石下或水草中。三疣梭子蟹属于杂食性动物，喜欢摄食贝肉、鲜杂鱼、小杂虾等，也摄食水藻嫩芽、水生动物尸体以及腐烂的水生植物。在不同生长阶段，食性有所差异，在幼蟹阶段偏于杂食性，个体愈大愈趋向肉食性。三疣梭子蟹具有明显的趋光性，通常白天摄食量少，傍晚和夜间大量摄食，但水温在 10 ℃ 以下和 32 ℃ 以上时，梭子蟹停止摄食（程国宝 等，2012）。三疣梭子蟹的适应水温 8～31 ℃，最适生长水温为 15.5～26.0 ℃，适应盐度 13～38，最适生长盐度为 20～35。一般寿命为 2 年，产卵繁殖的群体主要由 1～2 年生的亲蟹组成，雌性产卵孵化结束后即死亡，雄性在交配 2～3 d 后死亡。梭子蟹雌雄异体，雌蟹个体大于雄蟹。在东海海区，三疣梭子蟹甲宽（L）-体重（W）的关系式为 W（雌）$= 4.757\ 9 \times 10^{-5} L^{3.025\ 7}$（$R^2 = 0.999$）和 W（雄）$= 3.836\ 5 \times 10^{-5} L^{3.073\ 4}$（$R^2 = 0.988$）（俞存根 等，2006）。2011—2012 年在莱州湾水域调查表明，三疣梭子蟹周年头胸甲长范围为 12～97 mm，头胸甲宽范围为 31～217 mm，周年的体重范围为 1～500 g，数量分布与表层水温、溶解氧和水深的相关性最高，其次为盐度和浮游动物密度（吴强 等，2016）。

2015 年闽江口 4 个季节均捕获到三疣梭子蟹，全年头胸甲长 43～167 mm，平均 98 mm，体重 2.9～224.7 g，平均 55.7 g，头胸甲长与体重符合幂函数关系式 $W = 0.082\ 9L^{2.782\ 6}$（$R^2 = 0.858\ 8$）（图 5 - 95）。其中，春季三疣梭子蟹头胸甲长 54～158 mm，平均 103 mm，体重 8.0～184.1 g，平均 70.5 g；夏季体长 49～138 mm，平均 96 mm，体重 5.9～198.7 g，平均 49.1 g；秋季体长 43～167 mm，平均 95 mm，体重 2.9～224.7 g，平均 53.1 g；冬季体长 115～155 mm，平均 133 mm，体重 85.8～170.0 g，平均122.6 g，冬季个体明显大于其他 3 个季节，尤以体重较为明显（$P <$ 0.001）。

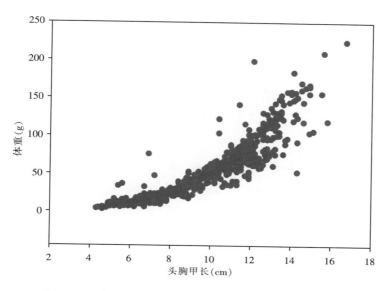

图 5 - 95　闽江口 2015 年三疣梭子蟹头胸甲长-体重关系

六、鹰爪虾 [*Trachypenaeus curvirostris*（Stimpson，1860）]

鹰爪虾（*Trachypenaeus curvirostris*），隶属于软甲纲（Malacostraca）、十足目（Decapoda）、对虾科（Penaeidae）、鹰爪虾属（*Trachypenaeus*）。俗称硬壳虾、厚皮虾、鸡爪虾等。广泛分布于中国、日本、朝鲜、马来西亚、印度尼西亚、澳大利亚沿海，非洲东岸海域，马达加斯加沿海及地中海东部；在我国渤海、黄海、东海、南海均有分布。鹰爪虾广温广盐性，属暖水性底层中型经济虾类，喜栖息在近海泥沙海底，昼伏夜出，结群性较强，具有季节性长距离洄游特性，其移动和分布规律同海区底层水温走向密切相关。鹰爪虾雌虾可多次排卵，产卵期较长、产卵场分布较广，有利于种族延续，并使其资源能较长期保持稳定。

鹰爪虾在福建沿海均有分布，是底拖网、定置张网等作业的主要渔获种类，承受着高强度的捕捞压力。2008 年 5 月、8 月、11 月和 2009 年 2 月在闽东北外海海域，鹰爪虾渔获量平均密度指数随着季节、海域及其水深的变化差异很大。在各季度月中，以 8 月渔获量平均密度指数最高，其次是 2 月，5 月数量极少。从海域分布情况看，鹰爪虾主要分布于近海，水深 60 m 以浅海域的渔获量占年渔获量 65.8%；其次是水深 60～80 m 的海域，渔获量占年渔获量 24.2%；水深 100 m 以深的海域数量极少，仅占年渔获量 0.6%。鹰爪虾全年体长分布范围为 47～120 mm，平均体长为 74.1 mm；体重分布范围为 1.1～16.8 g，平均体重为 5.5 g。雌虾与雄虾个体大小差异悬殊，雌虾平均体重为 6.4 g，雄虾平均体重仅为 3.2 g。体长-体重呈幂函数关系 $W=8.00 \times 10^{-6}L^{3.1139}$（$R^2=0.932\,2$）（叶孙忠 等，2012）。黄海、渤海石岛、烟威和渤海三渔场 1965—1980 年渔获中，鹰爪虾雌虾体长范围为 13～104 mm，雄虾体长范围为 23～84 mm；体长-体重关系式为 $W=1.933 \times 10^{-5}L^{1.069}$（张树德，1983）。在东海海域，以每平方千米的平均资源量来比较，鹰爪虾从 20 世纪 80 年代中后期的 180.9 kg/km²至 90 年代末的 16.8 kg/km²，下降了 90.7%，下降趋势十分明显（宋海棠 等，2001）。

2015 年在闽江口仅夏季具有一定渔获量的鹰爪虾，冬季仅捕获 4 尾，春、秋季则未见。鹰爪虾全长范围为 46～100 mm，平均 67 mm；体重范围 1.3～13.2 g，平均 4.5 g。体长-体重方程式为 $W=0.020\,5L^{2.8049}$（$R^2=0.869\,5$）（图 5 - 96）。

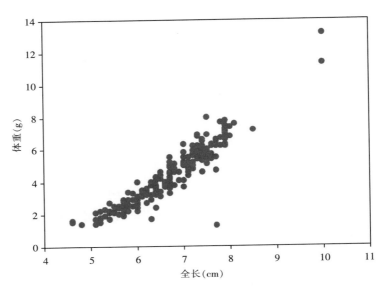

图 5 - 96　闽江口 2015 年鹰爪虾体长-体重关系

七、火枪乌贼（*Loligo beka* Sasaki，1929）

火枪乌贼（*Lolio beka*），隶属于头足纲（Cephalopoda）、枪形目（Teuthoidae）、枪乌贼科（Loliginidae）、拟枪乌贼属（*Loliolus*）。火枪乌贼主要分布于我国东海、南海，在沿岸岛礁周围，营游泳生活，随季节变化依海流作短距离洄游，春季在内湾或河口产卵，5—9 月为捕捞季节。营底栖生活，肉食性，主要摄食甲壳类、鱼类等，趋光性强，夜间猎食更猛。2008—2009 年东海区调查显示，火枪乌贼秋季生物量最高，冬季次之，夏季最少。春季火枪乌贼出现频率 11.7%，夏季 3.4%，秋季 48.3%，冬季 29.2%。一年性成熟，周年都有繁殖活动，盛期在8—9月，世代更新快、补充量大（沈长春和刘勇，2010）。

2015年闽江口4个季节均捕获到火枪乌贼，渔获物全年胴长范围为12～199 mm，平均53 mm；体重0.6～117.2 g，平均12.7 g。胴长与体重符合幂函数关系式$W=0.550\,5L^{1.818\,7}$（$R^2=0.882\,2$）（图5-97）。其中，春季火枪乌贼胴长12～125 mm，平均55 mm，体重0.8～88.7 g，平均14.1 g；夏季胴长18～199 mm，平均58 mm，体重0.6～117.2 g，平均16.3 g；秋季胴长12～112 mm，平均44 mm，体重0.8～74.9 g，平均7.4 g；冬季胴长25～69 mm，平均54 mm，体重1.5～23.7 g，平均13.0 g。冬、春、夏3个季节个体差异不明显，但显著大于秋季个体（$P<0.001$）。

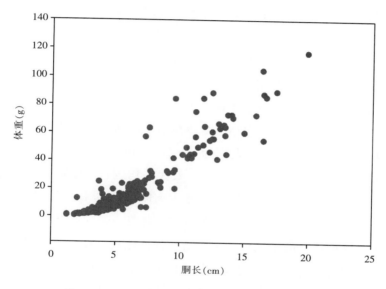

图5-97　闽江口2015年火枪乌贼胴长-体重关系

八、中国枪乌贼（*Loligo chinensis* Gray，1849）

中国枪乌贼（*Loligo chinensis*），隶属于头足纲（Cephalopoda）、枪形目（Teuthoidae）、枪乌贼科（Loliginidae）、枪乌贼属（*Loligo*）。俗称"鱿鱼"，地方名有本港鱿鱼、中国鱿鱼、台湾锁管、拖鱿鱼、长筒鱿等，是枪乌贼科中最重要的经济种，约占枪乌贼科总产量的60%。中国枪乌贼主要分布在中国南海、泰国湾、马来群岛、澳大利亚昆士兰海域，其分布北界在25°N附近、东界约处于中国台湾岛的北端。中国枪乌贼为暖水性浅海种类，平时栖息于外海水域，喜弱光，白天潜伏海底，早晚上浮，春、夏季游向近岸岛屿附近生殖。中国枪乌贼捕食端足类、糠虾等小型甲壳类；至成体阶段食性凶猛，同类自残的现象较为严重，食物组成中鱼类约占80%，头足类约占

12%，也兼捕虾蛄、梭子蟹等。在生长阶段，摄食强度高，胃含物丰富；在生殖阶段中，摄食强度低，特别是繁殖盛期空胃率颇高。中国枪乌贼一年性成熟，因繁殖季节不同，种内一般分成春生群、夏生群和秋生群。春分以后，暖流水势迅速增强，水温升高加快，出现更大的群体繁殖活动。繁殖群体的性比因时间、空间不同而有所变化。

闽南-台湾浅滩渔场所捕获的中国枪乌贼，主要是生殖-索饵混合群体。1976 年、1977 年 6—9 月闽南-台湾浅滩单拖作业，中国枪乌贼平均 98～391 mm，平均胴长 211.7 mm；体重分布 20～650 g，平均体重 198.9 g（张秋华 等，2006）。至 1995 年，个体大小显著缩小，胴长分布 73～310 mm，平均胴长 162.3 mm；体重组成分布为 26.0～422.0 g，平均体重 123.8 g。胴长（L）与体重（W）的关系式为 $W = 1.724\ 6 \times 10^{-3} L^{2.275\ 4}$（$R^2 = 0.984\ 5$）（张壮丽 等，2008）。2000 年 7—8 月光诱敷网作业渔获显示，中国枪乌贼个体进一步缩小，胴长分布 104～272 mm，平均胴长 157.2 mm，体重分布 53～310 g，平均体重 118.1 g（洪明进，2002）；2006、2007 年 7—8 月胴长分布 48～258 mm，平均胴长 144.8 mm，体重分布 7.4～284.1 g，平均体重 90.9 g。显然不同年代间结构发生较大变化，群体组成中小型个体在不断增加。北部湾海域 2006—2007 年 4 个季度的拖网调查，中国枪乌贼胴长范围为 42～295 mm，平均胴长为 109.76 mm；体重范围为 3.0～366.0 g，平均体重为 52.27 g。最大平均胴长、体重出现在夏季，其胴长（L，mm）与体重（W，g）的关系为 W（雌）$= 1.2 \times 10^{-3} L^{2.239\ 2}$（$R^2 = 0.948\ 8$）、$W$（雄）$= 1.4 \times 10^{-3} L^{2.206\ 0}$（$R^2 = 0.932\ 0$）（李渊和孙典荣，2011）。与 2006—2007 年闽南-台湾浅滩渔场光诱敷网捕获的中国枪乌贼生物学特征比较发现，两者间的胴长范围和体重范围相差不大，但是闽南-台湾浅滩渔场的中国枪乌贼的平均胴长和体重（144.80 mm、90.90 g）却高出北部湾（109.76 mm、52.27 g）很多。显然，不同海域间不同作业类型导致其结构发生较大变化，北部湾海域的中国枪乌贼群体组成中小型个体在不断增加。除了作业类型之外，该种情况可能还与当地的海区生物多样性以及人类活动有关。闽南-台湾浅滩渔场与北部湾海域相比较而言，两者虽然均处于亚热带地区，但闽南-台湾浅滩渔场受黑潮作用，水体内营养物质增多，饵料生物的生长及丰度增加，促使中国枪乌贼摄食量增大，生长迅速（何发祥，1995）。

2015 年，闽江口冬、春季中国枪乌贼无渔获量。夏、秋季个体胴长范围为 23～206 mm，平均 94 mm；体重范围 1.9～161.7 g，平均 35.5 g。胴长与体重关系式为 $W = 0.835\ 1L^{1.651\ 7}$（$R^2 = 0.791\ 9$）（图 5 - 98）。

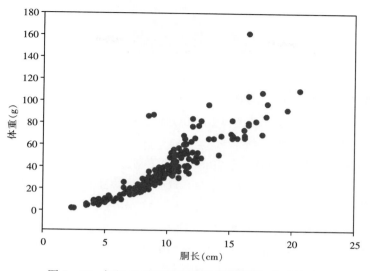

图 5-98 闽江口 2015 年中国枪乌贼胴长-体重关系

参 考 文 献

鲍财胜，2004. 沿江建筑小区内河换水设计方案的研究 [D]. 同济大学，1-68.

蔡德陵，李红燕，唐启升，等，2005. 黄东海生态系统食物网连续营养谱的建立：来自碳氮稳定同位素
　　方法的结果 [J]. 中国科学 C 辑：生命科学 (2) 123-130.

蔡玉婷，2010. 福建近海叶绿素 a 和初级生产力的分布特征 [J]. 农业环境科学学报 (s1)：174-179.

曹宇峰，2009. 2002—2006 年福建省闽江口以南近岸海域水质状况评价 [J]. 海洋环境科学 (s1)：40-42.

曹正光，赵利华，1995. 长江口沿岸水域银鲳资源监测及渔业经济分析 [J]. 水产学报 (4)：374-378.

曾强，董方勇，1993. 凤鲚繁殖群体的生物学特性及因数关系的研究 [J]. 湖泊科学 (2)：164-170.

晁眉，黄良敏，李军，等，2016. 福建九龙江口凤鲚的生物学特性 [J]. 集美大学学报（自然科学版）
　　(1)：16-20.

陈大刚，1991. 黄渤海渔业生态学 [M]. 北京：科学出版社.

陈峰，王海鹏，郑志凤，等，1998. 闽江口水下三角洲的形成与演变——Ⅰ. 水下三角洲形成的环境因子
　　与地貌发育 [J]. 台湾海峡 (4)：396-401.

陈峰，张培辉，王海鹏，等，1999a. 闽江口水下三角洲的形成与演变——Ⅱ. 水下三角洲平原 [J]. 台
　　湾海峡 (1)：1-5.

陈峰，张培辉，王海鹏，等，1999b. 闽江口水下三角洲的形成与演变——Ⅲ. 三角洲前缘与前三角洲
　　[J]. 台湾海峡 (2)：140-146.

陈涵贞，苏德森，吕新，等，2010. 闽江流域地表水质季节性变化特征研究 [J]. 中国农学通报 (5)：
　　267-271.

陈佳杰，徐兆礼，2011. 东黄渤海白姑鱼 (*Argyrosomus argentatus*) 渔场空间格局的研究 [J]. 自然资
　　源学报 (4)：666-673.

陈坚，余兴光，李东义，等，2010. 闽江口近百年来海底地貌演变与成因 [J]. 海洋工程 (2)：82-89.

陈剑，徐兆礼，2015. 闽江口和椒江口浮游动物饵料特征和渔场属性的比较 [J]. 中国水产科学 (4)：
　　770-779.

陈剑，张宇，徐兆礼，等，2015. 夏季闽江口和椒江口浮游动物群落结构的比较 [J]. 海洋学报 (2)：
　　111-119.

陈品健，宋振荣，1988. 闽江口以北福建沿岸潮间带软体动物生态初步调查 [J]. 台湾海峡 (2)：80-88.

陈品健，钟幼平，宋振荣，等，1989. 福建闽江口以北沿岸潮间带生态学研究Ⅰ——生物量及其分布
　　[J]. 厦门水产学院学报 (2)：16-25.

陈其焕，陈兴群，张明，1996. 福建沿岸叶绿素 a 及初级生产力的分布特征 [J]. 海洋学报 (6)：99-105.

陈强，王家樵，张雅芝，等，2012. 福建闽江口及其附近海域和厦门海域头足类种类组成的季节变化
　　[J]. 海洋学报 (3)：179-194.

陈新军，周应祺，2001. 论渔业资源的可持续利用 [J]. 资源科学 (2)：70-74.

陈兴群，2006. 福建北部主要港湾的初级生产力［J］. 应用海洋学学报（2）：234-242.

陈莹，陈兴伟，尹义星，2011. 1960—2006 年闽江流域径流演变特征［J］. 自然资源学报（8）：1401-1411.

程国宝，史会来，楼宝，等，2012. 三疣梭子蟹生物学特性及繁殖养殖现状［J］. 河北渔业（4）：59-61.

戴天元，2004. 福建海区渔业资源生态容量和海洋捕捞业管理研究［M］. 北京：科学出版社.

邓景耀，姜卫民，杨纪明，等，1997. 渤海主要生物种间关系及食物网的研究［J］. 中国水产科学（4）：1-7.

邓景耀，孟田湘，任胜民，1986. 渤海鱼类食物关系的初步研究［J］. 生态学报（4）：356-364.

窦硕增，杨纪明，1993. 渤海南部牙鲆的食性及摄食的季节性变化［J］. 应用生态学报（1）：74-77.

冯辉，益建芳，恽才兴，1989. 闽江口及邻近海域卫星遥感图像的综合分析［J］. 热带海洋（4）：22-29.

福建省海岸带和海涂资源综合调查领导小组办公室，1990. 福建省海岸带和海涂资源综合调查报告［M］. 北京：海洋出版社.

福建省渔业区划办公室，1988. 福建省渔业资源［M］. 福州：福建科学技术出版社.

傅赐福，董剑希，刘秋兴，等，2015. 闽江感潮河段潮汐-洪水相互作用数值模拟［J］. 华东政法大学学报（7）：15-21.

葛国昌，1980. 夏威夷的六指马鲅养殖［J］. 水产科技情报（4）：28.

谷德贤，刘茂利，2011. 天津海域口虾蛄群体结构及资源量分析［J］. 河北渔业（8）：24-26.

郭爱，陈峰，金海卫，等，2014. 东、黄海凤鲚的食物组成及其食性的季节变化［J］. 海洋渔业（5）：402-408.

郭爱，陈峰，朱文斌，等，2016. 不同发育阶段东、黄海凤鲚的食性差异［J］. 浙江海洋学院学报（自然科学版）（1）：8-14.

郭婷婷，高文洋，高艺，等，2010. 台湾海峡气候特点分析［J］. 海洋预报（1）：53-58.

郭晓英，陈兴伟，陈莹，等，2016. 气候变化与人类活动对闽江流域径流变化的影响［J］. 中国水土保持科学（2）：88-94.

郭学武，唐启升，2000. 赤鼻棱鳀的摄食与生态转换效率［J］. 水产学报（5）：422-427.

国家海洋局 908 专项办公室，2005. 海岸带调查技术规程［M］. 北京：海洋出版社.

何宝全，李辉权，1988. 珠江河口棘头梅童鱼的资源评估［J］. 水产学报（2）：125-134.

何发祥，1995. 关于 80 年代闽南-台湾浅滩渔场中上层渔获量变动原因的初探［J］. 海洋湖沼通报（1）：18-25.

贺舟挺，薛利建，金海卫，2011. 东海北部近海棘头梅童鱼食性及营养级的探讨［J］. 海洋渔业（3）：265-273.

贺舟挺，张亚洲，薛利建，等，2012. 东海北部近海棘头梅童鱼食物组成的季节变化及随发育的变化［J］. 海洋渔业（3）：270-276.

洪明进，2002. 福建光诱鱿鱼敷网作业调查研究［J］. 福建水产（2）：28-33.

胡敏杰，任洪昌，邹芳芳，等，2016. 闽江河口淡水、半咸水沼泽土壤氮磷分布及计量学特征［J］. 中国环境科学（3）：917-926

胡敏杰，邹芳芳，仝川，等，2014. 闽江河口湿地沉积物生源要素含量及生态风险评价［J］. 水土保持学报（3）：119 - 124.

胡艳，张涛，杨刚，等，2015. 长江口近岸水域棘头梅童鱼资源现状的评估 [J]. 应用生态学报（9）：2867 - 2873.

黄良敏，李军，谢仰杰，等，2010a. 闽江口及其附近海域棘头梅童鱼资源的研究 [J]. 应用海洋学学报（2）：250 - 256.

黄良敏，李军，张雅芝，等，2010. 闽江口及附近海域渔业资源现存量评析 [J]. 热带海洋学报（5）：142 - 148.

黄良敏，谢仰杰，李军，等，2010b. 闽江口及附近海域棘头梅童鱼的生物学特征 [J]. 集美大学学报（自然科学版）（4）：248 - 253.

黄良敏，张雅芝，潘佳佳，等，2008. 厦门东海域鱼类食物网研究 [J]. 台湾海峡（1）：64 - 73.

黄永福，2010. 闽江下游河床演变及其影响研究 [J]. 水利科技（4）：15 - 17.

纪炜炜，陈雪忠，姜亚洲，等，2011. 东海中北部游泳动物稳定碳氮同位素研究 [J]. 海洋渔业（3）：241 - 250.

江甘兴，1992. 福建海区的潮汐和潮流 [J]. 台湾海峡（2）：89 - 94.

姜亚洲，程家骅，李圣法，2008. 东海北部鱼类群落多样性及其结构特征的变化 [J]. 中国水产科学（3）：453 - 459.

蒋新花，谢仰杰，黄良敏，等，2010. 闽江口及其附近海域和厦门沿岸海域软骨鱼类种类组成和数量的时空分布 [J]. 集美大学学报（自然科学版）（6）：406 - 413.

旷芳芳，张友权，张俊鹏，等，2015. 三种海面风场资料在台湾海峡的比较和评估 [J]. 海洋学报（5）：44 - 53.

李东义，陈坚，王爱军，等，2008. 闽江河口沉积动力学研究进展 [J]. 海洋通报（2）：111 - 116.

李东义，陈坚，王爱军，等，2009. 闽江河口洪季悬浮泥沙特征及运输过程 [J]. 海岸工程（2）：70 - 80.

李惠玉，金艳，李圣法，2016. 东海北部大管鞭虾的食性 [J]. 应用生态学报（3）：937 - 945.

李丽纯，陈家金，陈惠，等，2009. 闽江口湿地的气候变化及其对生态环境的影响 [J]. 中国农学通报（17）：245 - 249.

李荣冠，江锦祥，吴启泉，等，1997. 闽江口及邻近水域大型底栖生物生态研究 [J]. 海洋学报（5）：116 - 123.

李雪丁，卢振彬，2008. 福建近海渔业资源生产量和最大可持续开发量 [J]. 厦门大学学报（自然科学版）（4）：596 - 601.

李永振，陈国宝，孙典荣，2000. 珠江口鱼类组成分析 [J]. 水产学报（4）：312 - 317.

李渊，孙典荣，2011. 北部湾中国枪乌贼生物学特性及资源状况变化的初步研究 [J]. 湖北农业科学（13）：2716 - 2719.

李忠义，左涛，戴芳群，等，2010. 运用稳定同位素技术研究长江口及南黄海水域春季拖网渔获物的营养级 [J]. 中国水产科学（1）：103 - 109.

廖建基，郑新庆，杜建国，等，2015. 基于氮稳定同位素的九龙江口鱼类营养级研究 [J]. 海洋学报（2）：93 - 103.

林蔼亮，1985. 珠江口棘头梅童鱼和七丝鲚资源初步评估 [J]. 海洋渔业（1）：3 - 5.

林峰，黄江淮，唐依池，等，1989. 闽江口水体中镉、铅和铜的行为 [J]. 海洋学报 (3)：450-457.

林建杰，2013. 闽江口海域海水中重金属的含量变化趋势研究 [J]. 福建水产 (3)：203-210.

林景宏，陈瑞祥，1989. 台湾海峡西部海域浮游介形类的生态特征 [J]. 海洋学报 (5)：638-644.

林龙山，2009. 东海区龙头鱼数量分布及其环境特征 [J]. 上海海洋大学学报 (1)：66-71.

林龙山，张寒野，李惠玉，等，2006. 东海带鱼食性的季节变化 [J]. 中国海洋大学学报 (6)：932-936.

林显鹏，朱增军，李鹏飞，2010. 东海区龙头鱼摄食习性的研究 [J]. 海洋渔业 (3)：290-296.

林新耀，王福刚，潘家模，等，1965. 中国近海带鱼 [*Trichiurus haumela* (Forskal)] 种族的调查 [J]. 水产学报 (4)：11-23.

林智涛，沈春燕，孙楠，等，2017. ENSO 对南海北部初级生产力的影响 [J]. 广东海洋大学学报 (1)：80-87.

刘建辉，蔡锋，戚洪帅，等，2014. 福建沿岸海滩-沙丘系统地貌变化特征及关系模式 [J]. 海洋地质与第四纪地质 (1)：45-55.

刘凯，徐东坡，段金荣，等，2013. 三峡蓄水后长江口凤鲚汛期生物学特征及捕捞量变动 [J]. 长江流域资源与环境 (10)：1282-1288.

刘凯，张敏莹，徐东坡，等，2004. 长江口凤鲚资源变动及最大持续产量研究 [J]. 上海水产大学学报 (4)：298-303.

刘守海，徐兆礼，2011. 长江口和杭州湾凤鲚胃含物与海洋浮游动物的种类组成比较 [J]. 生态学报 (8)：2263-2271.

刘守海，徐兆礼，田丰歌，2012. 长江口及附近水域凤鲚摄食习性的分析 [J]. 上海海洋大学学报 (4)：589-597.

刘铁军，郑崇伟，潘静，等，2013. 中国周边海域海表风场的季节特征、大风频率和极值风速特征分析 [J]. 延边大学学报 (自然科学版) (2)：148-152.

刘效舜，1990. 黄渤海渔业资源调查与区划 [M]. 北京：科学出版社.

刘修德，2009. 福建省海湾数模与环境研究——闽江口 [M]. 北京：海洋出版社.

刘修泽，郭栋，王爱勇，等，2014. 辽东湾海域口虾蛄的资源特征及变化 [J]. 水生生物学报 (3)：602-608.

柳卫海，詹秉义，1999. 东海区鲳鱼资源利用现状分析 [J]. 湛江海洋大学学报 (1)：30-34.

卢振彬，戴泉水，颜尤明，1999. 台湾海峡及其邻近海域渔业资源管理的探讨 [J]. 福建水产 (3)：30-36.

卢振彬，黄美珍，2004. 福建近海主要经济渔业生物营养级和有机碳含量研究 [J]. 台湾海峡 (2)：153-158.

陆求裕，2015. 基于多时相遥感影像闽江口海岸线变迁特征 [J]. 地质灾害与环境保护 (1)：61-67.

罗秉征，1992. 中国近海鱼类生活史型与生态学参数地理变异 [J]. 海洋与湖沼 (1)：63-73.

罗海舟，张华东，李鹏飞，等，2012. 东海区龙头鱼数量分布与渔业生物学现状分析 [J]. 浙江海洋学院学报 (自然科学版) (3)：202-205.

孟庆闻，苏锦祥，李婉瑞，1987. 鱼类比较解剖 [M]. 北京：科学出版社.

倪勇，王云龙，蒋玫，等，1999. 长江口凤鲚的渔业生物学特性 [J]. 中国水产科学 (6)：69-71.

聂明华，严平勇，2008. 福建省降水时空分布规律分析 [J]. 广东农业科学 (6)：147-148.

宁加佳，杜飞雁，王雪辉，等，2015. 基于稳定同位素的六指马鲅 (*Polynemus sextarius*) 食性特征 [J]. 海洋与湖沼 (4)：758-763.

宁加佳，杜飞雁，王雪辉，等，2016. 基于稳定同位素的口虾蛄食性分析 [J]. 水产学报（6）：903－910.

宁岳，曾志南，苏碰皮，等，2011. 福建海水养殖业现状、存在问题与发展对策 [J]. 福建水产（3）：31－36.

潘卫华，2017. 台湾海峡海面风场的季节性变化特征分析 [J]. 地球科学前沿（2）：247－252.

潘绪伟，程家骅，2011. 长江口外海域龙头鱼营养生态学特征 [J]. 中国水产科学（5）：1132－1140.

彭士明，施兆鸿，尹飞，等，2011. 利用碳氮稳定同位素技术分析东海银鲳食性 [J]. 生态学杂志（7）：1565－1569.

沈长春，刘勇，2010. 东海区火枪乌贼数量分布及其群体组成. 中国南方渔业学术论坛第二十六次学术交流大会论文集 [M]. 重庆.

沈国英，施秉章，1990. 海洋生态学 [M]. 厦门：厦门大学出版社.

盛福利，曾晓起，薛莹，2009. 青岛近海口虾蛄的繁殖及摄食习性研究 [J]. 中国海洋大学学报（Sup.）：326－332.

舒黎明，邱永松，2005. 珠江河口及其附近水域银鲳生长与死亡参数估计 [J]. 水产学报（2）：193－197.

宋海棠，俞存根，姚光展，2004. 东海鹰爪虾的数量分布和变动 [J]. 海洋渔业（3）：184－188.

孙春录，赵仁勇，王焱，等，1997. 周氏新对虾越冬群体的环境因子和生物学特征 [J]. 齐鲁渔业（3）：28－29.

孙耀，刘勇，张波，等，2003. Eggers 胃含物法测定赤鼻棱鳀的摄食与生态转换效率 [J]. 生态学报（6）：1216－1221.

谭乾开，黎华寿，崔科，等，2012. 广东省恩平市锦江河上游野生鱼类资源群落生态特征调查 [J]. 佛山科学技术学院学报（自然科学版）（4）：5－11.

唐启升，2006. 中国专属经济区海洋生物资源与栖息环境 [M]. 北京：科学出版社.

万祎，胡建英，安立会，等，2005. 利用稳定氮和碳同位素分析渤海湾食物网主要生物种的营养层次 [J]. 科学通报（7）：708－712.

王春琳，徐善良，1996. 口虾蛄的生物学基本特征 [J]. 浙江水产学院学报（1）：60－62.

王家樵，张雅芝，黄良敏，等，2011. 福建沿岸海域主要经济鱼类生物学的研究 [J]. 集美大学学报（3）：161－166.

王建峰，赵峰，宋超，等，2016. 长江口棘头梅童鱼食物组成和摄食习性的季节变化 [J]. 应用生态学报（1）：291－298.

王键，陈岚，陈凯，等，2012. 2009 年秋季闽江下游及闽江口水域叶绿素 a 含量的分布特征及其与环境因子的关系 [J]. 台湾海峡（3）：362－367.

王凯，章守宇，汪振华，等，2012. 马鞍列岛海域皮氏叫姑鱼渔业生物学初步研究 [J]. 水产学报（2）：228－237.

王可玲，张培军，刘兰英，等，1993. 中国近海带鱼分种的研究 [J]. 海洋学报（2）：77－83.

王晓娟，2013. 福建近岸海域夏季浮游动物的数量与分布 [J]. 海峡科学（6）：19－21.

王兴强，阎斌伦，马生生，2005. 周氏新对虾研究进展 [J]. 河北渔业（3）：10－11.

王雪辉，邱永松，杜飞雁，等，2011. 北部湾鱼类多样性及优势种的时空变化 [J]. 中国水产科学（2）：427－436.

王彦国，林景宏，王春光，等，2012. 春季福建北部海域浙闽沿岸流消亡期浮游桡足类种类组成及其分布［J］. 环境科学（6）：1839 - 1845.

王雨，林茂，林更铭，2009. 福建沿岸不同海区夏季浮游植物的组成与分布［J］. 台湾海峡（4）：496 - 503.

韦晟，姜卫民，1992. 黄海鱼类食物网的研究［J］. 海洋与湖沼（2）：182 - 192.

吴强，陈瑞盛，黄经献，等，2015. 莱州湾口虾蛄的生物学特征与时空分布［J］. 水产学报（8）：1165 - 1177.

吴强，王俊，陈瑞盛，等，2016. 莱州湾三疣梭子蟹的生物学特征、时空分布及环境因子的影响［J］. 应用生态学报（6）：1993 - 2001.

肖莹，2013. 闽江口海域浮游植物群落结构特征［J］. 福建水产（4）：258 - 263.

肖莹，2014. 2008 年闽江口海域叶绿素 a 时空分布及其与环境因子的相关性分析［J］. 福建水产（4）：271 - 277.

徐海龙，张桂芬，乔秀亭，等，2010. 黄海北部口虾蛄体长及体重关系研究［J］. 水产科学（8）：451 - 454.

徐晓晖，陈坚，赖志坤，2009. GIS 支持下近百年来闽江口海底地形地貌演变［J］. 台湾海峡（4）：396 - 401.

徐兆礼，2010a. 闽江口和兴化湾浮性鱼卵和仔鱼分布特征的比较［J］. 上海海洋大学学报（6）：822 - 827.

徐兆礼，2010b. 春夏季闽江口和兴化湾鱼类数量特征的研究［J］. 水产学报（9）：1395 - 1403.

徐兆礼，孙岳，2013. 春夏季闽江口和兴化湾虾类数量特征［J］. 生态学报（22）：7157 - 7165.

许莉莉，薛莹，焦燕，等，2017. 海州湾及其邻近海域口虾蛄群体结构及资源分布特征［J］. 中国海洋大学学报（4）：28 - 36.

许艳，蔡锋，卢惠泉等，2014. 福建闽江口和九龙江口外线状沉积沙体特征［J］. 海洋学报（5）：142 - 151.

许玉甫，周军，张国胜，等，2009. 河北沿海银鲳渔业资源现状分析［J］. 河北渔业（6）：4 - 7.

薛利建，周永东，徐开达，等，2011. 舟山近海凤鲚生长参数及资源量、持续渔获量分析［J］. 福建水产（2）：18 - 32.

颜尤明，戴泉水，卢振彬，1991. 闽江口及其附近海域鱼类群聚结构特征的研究［J］. 渔业研究（2）：19 - 26.

颜云榕，陈骏岚，侯刚，等，2010. 北部湾带鱼的摄食习性［J］. 应用生态学报（3）：749 - 755.

颜云榕，张武科，卢伙胜，等，1012. 应用碳、氮稳定同位素研究北部湾带鱼（Trichiurus lepturus）食性及营养级［J］. 海洋与湖沼（1）：192 - 200.

杨炳忠，杨吝，谭永光，等，2013. 南海北部湾龙头鱼流刺网渔获组成初步分析［J］. 广东农业科学（2）：99 - 102.

杨东莱，吴光宗，孙继仁，1990. 长江口及其邻近海区的浮性鱼卵和仔稚鱼的生态研究［J］. 海洋与湖沼（4）：346 - 355.

杨国欢，孙省利，侯秀琼，等，2012. 基于稳定同位素方法的珊瑚礁鱼类营养层次研究［J］. 中国水产科学（1）：105 - 115.

杨纪明，2001. 渤海鱼类的食性与营养级研究［J］. 现代渔业信息（10）：10 - 19.

杨蕉文，华棣，吴立成，1991. 闽江口第四纪地层中的孢粉、有孔虫、硅藻组合及其古地理意义［J］. 海洋地质与第四纪地质（3）：75 - 82.

杨凯，陈彬彬，李丽纯，等，2011. 闽江口湿地气候变化特征及其影响分析［J］. 中国农业气象（s1）：79 - 82.

杨璐，曹文清，林元烧，等，2016. 夏季北部湾九种经济鱼类的食性类型及营养生态位初步研究［J］. 热带海洋学报（2）：66 - 75.

杨星星，洪小括，叶海滨，2012. 浙南沿岸龙头鱼数量分布调查 [J]. 上海海洋大学学报 (3)：411 - 415.

叶孙忠，张壮丽，叶泉土，2002. 福建南部沿海日本蟳的生物学特性 [J]. 福建水产 (4)：18 - 21.

叶孙忠，张壮丽，叶泉土，等，2012. 闽东北外海鹰爪虾数量的时空分布及其生物学特性 [J]. 福建水产 (2)：141 - 146.

叶翔，陈坚，暨卫东，等，2011. 闽江口营养盐生物地球化学过程研究 [J]. 环境科学 (2)：375 - 383.

殷名称，1995. 鱼类生态学 [M]. 北京：中国农业出版社.

余景，陈丕茂，冯雪，2016. 珠江口浅海 4 种经济虾类的食性和营养级研究 [J]. 南方农学学报 (5)：736 - 741.

余少梅，陈伟，2012. 闽江冲淡水扩展范围的季节变化特征 [J]. 台湾海峡 (2)：160 - 165.

俞存根，宋海棠，姚光展，2005. 东海日本蟳的数量分布和生物学特性 [J]. 上海水产大学学报 (1)：40 - 45.

俞存根，宋海棠，姚光展，等，2006. 东海大陆架海域经济蟹类种类组成和数量分布 [J]. 海洋与湖沼 (1)：53 - 60.

郁尧山，张庆生，陈卫民，等，1986a. 浙江北部岛礁周围海域鱼类优势种及其种间关系的初步研究 [J]. 水产学报 (2)：137 - 149.

郁尧山，张庆生，陈卫民，等，1986b. 浙江北部岛礁周围海域鱼类群落特征值的初步研究 [J]. 水产学报 (3)：305 - 313.

袁杨洋，叶振江，刘群，等，2009. 黄海南部春季银鲳渔场分布与温度之间的关系 [J]. 中国海洋大学学报 (Sup.)：333 - 337.

詹秉义，1995. 渔业资源评估 [M]. 北京：中国农业出版社.

张波，2004. 东、黄海带鱼的摄食习性及发育的变化 [J]. 海洋水产研究 (2)：6 - 12.

张波，唐启升，2004. 渤、黄、东海高营养层次重要生物资源种类的营养级研究 [J]. 海洋科学进展 (4)：393 - 404.

张波，唐启升，金显仕，2009. 黄海生态系统高营养层次生物群落功能群及其主要种类 [J]. 生态学报 (3)：1099 - 1111.

张洪亮，王忠明，朱增军，等，2013. 浙江南部沿岸产卵场春季虾类群落结构特征分析 [J]. 水生生物学报 (4)：712 - 721.

张其永，林秋眠，林尤通，等，1981. 闽南-台湾浅滩渔场鱼类食物网研究 [J]. 海洋学报 (2)：275 - 290.

张秋华，程家骅，徐汉祥，等，2006. 东海区渔业资源及可持续利用 [M]. 上海：复旦大学出版社.

张树德，1983. 渤、黄海鹰爪虾生物学的初步研究 [J]. 海洋科学 (5)：33 - 36.

张伟，陈思学，陈德花，2015. 台湾海峡西岸海陆风气候特征及其环流形势分析 [J]. 海洋预报 (6)：58 - 65.

张雅芝，陈品健，1997. 福建省主要港湾潮下带底栖生物生态研究 [J]. 集美大学学报 (自然科学版) (3)：23 - 29.

张宇美，代春桃，颜云榕，等，2014. 北部湾二长棘犁齿鲷摄食习性和营养级 [J]. 水产学报 (2)：265 - 273.

张壮丽，叶孙忠，洪明进，等，2008. 闽南-台湾浅滩渔场中国枪乌贼生物学特性研究 [J]. 福建水产 (1)：1 - 5.

赵传絪，刘效舜，曾炳光，1990. 中国海洋渔业资源 [M]. 杭州：浙江科学技术出版社.

郑鸣芳，2007. 水沙平衡演变对闽江下游河道的影响 [J]. 水利科技 (1)：6 - 8.

郑小宏，2009. 闽江口海域化学需氧量与溶解氧周年变化特征分析 ［J］. 四川环境（6）：65 - 67.

郑小宏，2010. 闽江口海域氮磷营养盐含量的变化及富营养化特征 ［J］. 台湾海峡（1）：42 - 46.

郑小平，1989. 闽江口潮汐潮流特征的初步分析 ［J］. 水利科技（2）：31 - 36.

郑旭霞，2015. 闽江口海岸线 40 年变迁遥感监测与分析 ［J］. 福建地质（1）：79 - 85.

郑元甲，洪万树，张其永，2013. 中国主要海洋底层鱼类生物学研究的回顾与展望 ［J］. 水产学报（1）：151 - 160.

郑重，方金钏，1956. 厦门鯷鱼的食料研究——1. 六丝鯚（*Coilia mystus*）的食料分析 ［J］. 厦门大学学报（自然科学版）（1）：25 - 44.

郑重，李少菁，李松，等，1982. 台湾海峡浮游桡足类的分布 ［J］. 台湾海峡（1）：69 - 79.

中国海湾志编纂委员会，1998. 中国海湾志第十四分册（重要河口）［M］. 北京：海洋出版社 .

仲伟，邵鑫斌，胡利华，等，2009. 凤鲚瓯江种群的生物学特性 ［J］. 温州大学学报（自然科学版）（4）：14 - 18.

周建军，陈刚，胡成，等，2004. 闽江河口地区河道演变及其影响因素分析 ［J］. 海岸工程（1）：13 - 20.

周永东，薛利建，徐开达，2004. 舟山近海凤鲚 ［*Coilia mystus*（Linnaeus）］ 的生物学特性研究 ［J］. 现代渔业信息（8）：19 - 21.

朱道清，2007. 中国水系辞典（修订版）［M］. 青岛：青岛出版社 .

朱鑫华，杨纪明，唐启升，1996. 渤海鱼类群落结构特征的研究 ［J］. 海洋与湖沼（1）：6 - 13.

朱长寿，1997. 闽江口浮游桡足类生态研究 ［J］. 台湾海峡（1）：75 - 79.

Alldredge A L，King J M，2009. Near-surface enrichment of zooplankton over a shallow back reef：implications for coral reef food webs ［J］. Coral Reefs（4）：895 - 908.

Baker R，Buckland A，Sheaves M，2014. Fish gut content analysis：robust measures of diet composition ［J］. Fish and Fisheries（1）：170 - 177.

Byrne M，1981. The Estuary Book ［M］. Vancouver：Western Education Development Group，the University of British Columbia.

Day J W，Crump BC，Kemp W M，et al，2013. Estuarine Ecology（2nd edition）［M］. Singapore：A John Wiley & Sons，Inc.

Dazie S，Abou-Seedo F，Al-Qatta E，2000. The food and feeding habits of silver pomfret，*Pampus argenteus*（Euphrasen），in Kuwait waters ［J］. Journal of Applied Ichthyology（2）：61 - 67.

Dokutchaev，V. V. ，1894. Our Steppes in the past and Today ［M］. S. Peterburg.

Elliott M，McLusky D S，2002. The Need for Definitions in Understanding Estuaries ［J］. Estuarine Coastal & Shelf Science（6）：815 - 827.

Elliott M，Whitfield A K，2011. Challenging paradigms in estuarine ecology and management ［J］. Estuarine，Coastal and Shelf Sciences（4）：306 - 314.

Fry B，Davis J，2015. Rescaling stable isotope data for standardized evaluations of food webs and species niches ［J］. Marine Ecology Progress Series（1）：7 - 17.

Fry B，Ewel，K C，2003. Using stable isotopes in mangrove fisheries research-a review and outlook ［J］. Isotopes in Environmental and health studies（3）：191 - 186.

Hansson S，Hobbie J E，Elmgren R，et al，1997. The stable nitrogen isotope ratio as a marker of food-web interactions and fish migration [J]. Ecology (7)：2249 - 2257.

Hyslop E J，1980. Stomach content analysis-a review of methods and their application [J]. Journal of Fish Biology (4)：411 - 429.

Layman C A，Araujo M S，Boucek R，et al，2012. Applying stable isotopes to examine food-web structure：an overview if analytical tools [J]. Biological Reviews (3)：545 - 562.

MacArthur R，Wilson E O，1967. The Theory of Island Biogeography [M]. New Jersey Princeton：University Press.

Madurell T，Fanelli E，Cartes J E，2008. Isotopic composition of carbon and nitrogen of suprabenthic fauna in the NW Balearic Islands (western Mediterranean) [J]. Journal of Marine Systems (3)：336 - 345.

Mariotti A，1983. Atmospheric nitrogen is a reliable standard for natural ^{15}N abundance measurements [J]. Nature (5919)：685 - 687.

McLusky D S，Elliott M，2004. The Estuarine Ecosystem：Ecology，Threats and Management (3rd edition) [M]. Oxford：Oxford University Press.

Minagawa M，Wada E，1984. Stepwise enrichment of ^{15}N along food chains：Further evidence and the relation between δ^{15}N and animal age [J]. Geochimica et Cosmochimica Acta (5)：1135 - 1140.

Pati S，1980. Food and feeding habits of silver pomfret *Pampus argenteus* (Euphrasen) from Bay of Bengal with a note on its significance in fishery [J]. Indian Journal of Fisheries (1 - 2)：244 - 256.

Peterson B J，Fry B，1987. Stable Isotopes in Ecosystem Studies [J]. Annual Review of Ecology & Systematics (1)：293 - 320.

Pianka E R，1970. On r and K selection. American Naturalist (940)：592 - 597.

Pianka E R，1973. The structure of lizard communities [J]. Annual Review of Ecology and Systematics (1)：53 - 74.

Pielou E C，1975. Ecologial Diversity [M]. New York：John Wiley and Sons.

Pinkas L M，Oliphant S，IversonILK，1971. Food habits of albacore，bluefin tuna an bonito in Californian waters [J]. California Department of Fish and Game，Fish Bulletin (152)：1 - 105.

Post D M，2002. Using stable isotopes to estimate trophic position：Models，methods，and assumptions [J]. Ecology (3)：703 - 718.

Qian J H，2008. Why Precipitation Is Mostly Concentrated over Islands in the Maritime Continent [J]. Journal of the Atmospheric Sciences (4)：1428 - 1441.

Rege M S，Bal D V，1963. Some observations on the food and feeding habits of silver pomfret *Pampus argenteus* in relation to the anatomy of its digestive system [J]. Journal of the University of Bambay (1)：75 - 79.

Reznick D，Bryant M J，Bashey F，2002. r-and K-selection revisited：the role of population regulation in life-history evolution. Ecology (6)：1509 - 1520.

Schimidt S N，Olden J D，Solomon CT，et al，2007. Quantitative approaches to the analysis of stable isotope food web data [J]. Ecology (11)：2793 - 2802.

Shannon E C, Weaver W, 1949. The Mathematical Theory of Communication [M]. Illinois: Urbana University of Illinois Press.

Suyehiro Y, 1942. A study on the digestive system and feeding habits of fish [J]. Japanese of Zoology (1): 1 – 303.

Wada E, Mizutani H, Minagawa M, 1991. The use of stable isotope for food web analysis [J]. Critical Reviews in Food Science and Nutrition (4): 361 – 371.

Whilm J L, 1968. Use of biomass units in Shannon's formula [J]. Ecology (1): 153 – 156.

Zacharia P U, Abdurahiman K P, 2004. Methods of stomach content analysis of fishes. In Mohamed KS (eds.): Towards Ecosystem Based Management of Marine Fisheries-Building Mass Balance Trophic and Simulation Models [M]. CMFRI-Winter School on Ecosystem Based Management of Marine Fisheries.

Zanden J M V, Joseph B R, 2001. Variation in δ^{15}N and δ^{13}C trophic fractionation: implications for aquatic food web studies [J]. Limnology and Oceanography (8): 2061 – 2066.

作者简介

康斌 男，1975 年 2 月生。中国海洋大学教授，博士生导师。曾任职集美大学闽江学者特聘教授、云南大学研究员。研究方向为渔业资源保护、生态地理学。主持国家自然科学基金重点项目、国际合作项目等多项课题；获国家科学技术进步奖二等奖、云南省科学技术进步奖一等奖、云南省自然科学奖三等奖等多项奖励；发表 SCI 收录论文 40 余篇。